Technische Mechanik

von

Emil Schnack VDI

Teil II: Gleichgewichtslehre

2. erweiterte und verbesserte Auflage

Mit 252 Abbildungen
und vielen Beispielen

München und Berlin 1941
Verlag von R. Oldenbourg

Druck von R. Oldenbourg
Printed in Germany

Inhaltsverzeichnis.

Die mit einem * versehenen Abschnitte können zunächst überschlagen werden.

Einleitung.

A. Schon die alten Griechen kannten wichtige Gesetze der Mechanik. Diese Bezeichnung kommt vom griechischen mechane und bedeutete soviel wie Werkzeug. Hammer, Bohrer und andere Werkzeuge sind Kräften ausgesetzt.

Die Mechanik ist die **Lehre von der Kraft.** Sie zählt zu den Grundwissenschaften der Technik. Die Bewegungslehre untersucht fortschreitende Kräfte, die Gleichgewichtslehre stillstehende Kräfte.

Man nennt die Bewegungslehre auch Dynamik (vom griech. dynamis = Kraft) und die Gleichgewichtslehre Statik (vom griech. stasis = Stillstand)[1].

B. Im Kampfe um die Beherrschung der Natur sucht man durch scharfes Beobachten und Messen Fortschritte zu erzielen. Das **Messen** ist besonders kennzeichnend für die Naturwissenschaft und ist ihre Stärke. Dagegen entzieht sich z. B. künstlerisches Schaffen jeglicher Wertung durch Messen.

Formelzeichen und Maßeinheiten:

P	Kraft	kg	A	Arbeit, Wucht	kgm
G	Gewicht	kg			PSh
s	Weg, Hub	m	M	Moment	kgm
p	Gasdruck	kg/cm²	N	Pferdeleistung	PS
t	Zeit	s, min, h	n	Umlaufzahl	/min
v	Geschwindigkeit	m/s	η	Wirkungsgrad	—
		km/h	μ	Reibungszahl	—
b	Beschleunigung	m/s²	ϱ	Reibungswinkel	Grad
m	Masse	kg/m/s²	α	Steigungswinkel	»

[1] Betone den hervorgehobenen Buchstaben: Mechanik, Dynamik, Statik.

Gleichgewichtslehre.

1. Hälfte.

I. Kraft und Gegenkraft.

A. Bild 1. Sobald wir an der Federwaage ziehen ←, zieht daran der Pfahl umgekehrt →, denn er will wieder gerade werden. Der Pfahl erzeugt sofort eine Gegenkraft.

Diese mit P und P' (lies »P Strich«) bezeichneten Kräfte liegen in derselben Wirkungslinie, sind gleich groß, aber entgegengesetzt gerichtet.

P' ist die Gegenkraft von P oder umgekehrt. Beide Kräfte halten sich das Gleichgewicht. Jede **Kraft** erzeugt eine **Gegenkraft.** Kräfte treten stets paarweise auf.

Bild: 1   2   3

Einzeln kann eine Kraft nicht entstehen. Um z. B. einen Korken aus der Flasche zu ziehen, genügt es nicht, nur den Korkenzieher anzupacken. Daran ziehen können wir erst, wenn wir die Flasche festhalten. Dann ist die Kraft in der einen Hand ↓ die Gegenkraft der anderen ↑.

An jeder der beiden luftleer gepumpten »Magdeburger Halbkugeln« zogen 6 Pferde. Die Zuschauer staunten darüber, daß 12 Pferde die Halbkugeln nicht

trennen konnten. Eigentlich waren nur 6 Pferde maßgebend, denn eine Halbkugel hätte man an einen
Baum ketten können.

Aber der Magdeburger Forscher liebte groß ange-
legte Versuche. Durch 6 Pferde ließ er die Gegenkraft → erzeugen zur Kraft ← der anderen 6 Pferde.

B. Ob man an einem langen oder kurzen Seil
zieht, ist gleichgültig. Verschieben wir also in
Bild 1 den Angriffspunkt unserer Kraft von
I nach *II*, so ändern wir ihre Wirkung nicht. Also
ist es nebensächlich, wo der Angriffspunkt innerhalb der Wirkungslinie liegt.

In Bild 2 zeigt die Federwaage ebensoviel an
wie vorher. Aber der Pfahl krümmte sich viel mehr.
Sobald wir also die Wirkungslinie einer Kraft
drehen oder parallel verschieben, ändern wir auch
ihre Wirkung. Verschieben wir die Kraft nur
innerhalb ihrer Wirkungslinie, so bleibt ihre
Wirkung gleich.

Bild 3. Eine Kraft ist eindeutig bestimmt durch
die Lage ihrer (beliebig langen) **Wirkungslinie**,
ferner durch ihre **Größe** und **Richtung.** Die Wirkungslinie liegt in der Mitte des Seiles oder der
Kette.

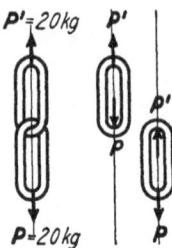

Bild: 4   5   6

C. Bild 4. Das untere Glied
drückt auf das obere mit 20 kg.
Im nächsten Bild 5 ist diese Kraft
mit *P* bezeichnet. Umgekehrt
drückt das obere Glied gegen
das untere mit ebenfalls 20 kg,
im Bild 6 mit *P'* bezeichnet. Da
$P \downarrow = P' \uparrow$, ist jedes Glied einzeln im Gleichgewicht.

Um zu ermitteln, ob auch in
Bild 4 Gleichgewicht herrscht,
überspringen wir die Kräfte,
die die Berührungsflächen der Glieder pressen.
Es genügt, nur die Kräfte an den Enden miteinander zu vergleichen.

In der Wirkungslinie einer Kette oder auch
in jeder anderen Wirkungslinie treten Kräfte
m e h r f a c h p a a r w e i s e auf. In Bild 1 wirken
Kräfte nicht nur an der Federwaage. Das Seil zieht
auch an unserer Faust, und zwar nach →, ferner
am Pfahl ebenso stark nach ←. Auch diese beiden
Kräfte heben sich auf.

II. Kräfteparallelogramm.

1. Vereinigung von Kräften.

A. In Bild 7 deutet Punkt *I* das Ende eines
noch unbelasteten, stählernen Stabes an. Er ragt
wie ein Nagel aus der Wand. Zieht nur das 110 kg

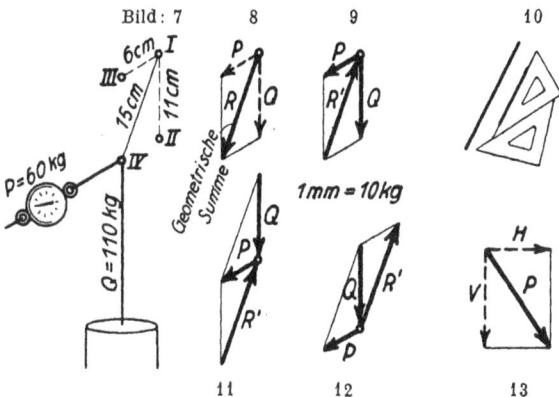

Bild: 7   8   9   10

11   12   13

Gleiche Dreiecke (Kräfte),
ungleiche Parallelogramme.

schwere Gewicht am Stabe, so gelangt Punkt *I*
nach *II*. Dieser Weg mißt 11 cm. Also entsteht
eine Durchbiegung von **1** cm durch **10** kg.

Zieht nur die schräge Kraft *P* am Stab, so
wandert Punkt *I* nach *III*. Da diese Strecke 6 cm
beträgt, zeigt die Federwaage schließlich 60 kg an,
denn eine Durchbiegung von 1 cm entsteht wieder
durch 10 kg.

B. Wirken die Kräfte Q und P nacheinander, so gelangt Punkt I über II oder III nach IV. Diese Punkte bilden die Ecken eines **Parallelogrammes.** Dessen Diagonale $I\ IV$ mißt 15 cm. Eine ebenso große Durchbiegung erzeugt eine allein wirkende Kraft, deren Wirkungslinie durch I und IV geht und $15 \cdot 10 = 150$ kg beträgt.

Hieraus folgt, wie man zwei Kräfte durch eine einzige ersetzen kann. Bild 14. Wir tragen Q und P vom gemeinsamen Angriffspunkt ausgehend in einem bestimmten Maßstab ab, z. B. sei 1 mm $= 10$ kg. Also zeichnen wir $Q = 11$ mm und $P = 6$ mm. Diese Strecken ergänzen wir zum Parallelogramm (Bild 15). Dessen Diagonale R (nächstes Bild 16) mißt 15 mm. Also ist $R = 15 \cdot 10 = 150$ kg.

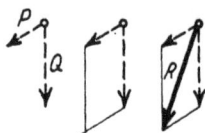

Bild: 14   15   16

Die Ersatzkraft oder **Mittelkraft** R hat dieselbe Wirkung, d. h. sie verbiegt den Stab ebenso wie die **Seitenkräfte** Q und P gemeinsam. R ist nicht einfach gleich $Q + P = 170$ kg, sondern stets kleiner, nämlich gleich der geometrischen Summe von Q und P, d. h. gleich der Diagonale.

C. Kehren wir in Bild 8 den Pfeil von R um, so entsteht das nächste Bild 9. Dort hält R' den Kräften Q und P das **Gleichgewicht.** Greifen diese 3 Kräfte das Ende des Stabes an, so bleibt es stehen. Sie heben sich auf. R' ist die Gegenkraft von P und Q.

Dieselben Kräfte können sich auch wie in Bild 11 und 12 das Gleichgewicht halten. Ob nämlich Q am Ende des Stabes zieht wie in Bild 9 oder darauf drückt wie in Bild 11, ist für das Gleichgewicht nebensächlich.

Verschieben wir die Kraft Q in Bild 9 auf ihrer Wirkungslinie aufwärts, so entsteht Bild 11. Rücken wir auch noch R' nach oben, so gelangen wir zu Bild 12.

Die Kräfteparallelogramme in Bild 9, 11 und 12 haben ganz verschiedene Gestalt. Sie sind aber doch gleichwertig, denn sie bauen sich alle aus dem gleichen Dreieck auf.

Bild 10 zeigt, wie man am einfachsten zu einer gegebenen Geraden eine Parallele zieht.

Eine Kraft kann durch eine Last (Gewicht) ausgeübt werden. Umgekehrt darf man eine Last auch als Kraft bezeichnen.

2. Zerlegung einer Kraft.

Bild 13. Die Kraft P soll zerlegt werden in eine waagrechte und lotrechte Kraft. Die gesuchten Kräfte sind Seiten eines Parallelogrammes, dessen **Diagonale gegeben** ist.

Also zeichnen wir diese zunächst maßstäblich auf. Dann ziehen wir durch die Endpunkte lotrechte und waagrechte Geraden. Aus dem so gewonnenen Parallelogramm (Rechteck) lassen sich H und V abmessen. P ist die Mittelkraft aus H und V.

1 mm = 10 kg ist keine richtige Gleichung, da beide Seiten nur gleichwertig, aber außerdem nicht gleichartig sind. Dagegen ist 2 min = 120 s eine einwandfreie Gleichung, denn beide Seiten stellen etwas Gleichartiges dar, nämlich eine Zeit.

3. Anwendung.

Beisp. 1. A. Bild 17. Eine quadratische Blechtafel hängt an einem Kran. Ihr Schwerpunkt liegt im Schnittpunkt der Diagonalen. Die Tafel stellt sich von selbst so ein, daß ihr Schwerpunkt in der Verlängerung des lotrechten Seiles liegt.

Zeichne auf S. 14 den fehlenden Teil der Tafel ein und prüfe, ob ihr Schwerpunkt richtig liegt.

Bild 18. Am Punkt I zieht nach ↑ die Gegenkraft Q' der Schwerkraft ↓ Q. Ferner ziehen am Punkt I die Seilkräfte S und Z. Ersetzen wir das

lotrechte Seil durch eine Stütze, wie in Bild 19,
so drückt Q' gegen den Punkt I.

Da 1 mm = 400 kg sein soll, stellen wir Q'
durch eine 4 mm lange Strecke dar (Bild 21).
Hieraus ergibt sich das Kräfteparallelogramm,
wie die nächsten Bilder 22 und 23 zeigen. Wir
messen daraus ab $S = 12{,}4$ mm = 4960 kg und
$Z = 12{,}8$ mm = 5120 kg.

Obwohl die Blechtafel nur 1600 kg wiegt, muß
das schräge Seil über 5000 kg aushalten. Es dehnte
sich darum stark und ist sehr gefährdet.

Bild: 17   18

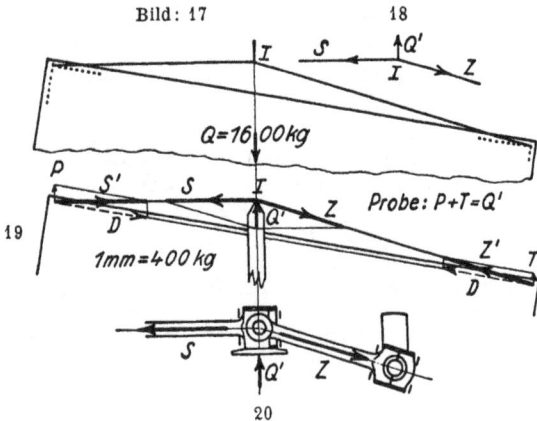

20

B. Die Kräfte S und Z ziehen am Punkt I.
Ihre Gegenkräfte S' und Z' greifen die Tafel an
und tragen sie. S' wurde in eine lotrechte und
schräge Seitenkraft zerlegt, ebenfalls Z', und
zwar so, daß die beiden Kräfte D in einer gemeinsamen Wirkungslinie liegen. Diese schrägen Seitenkräfte D sind gleich groß. Sie heben sich auf.
Wir finden $D = 12{,}6$ mm = 5040 kg.

Die Tafel wird also durch 5040 kg gedrückt.
Ist sie nicht steif genug, so wölbt sie sich. Die
lotrechten Seitenkräfte $P \uparrow$ und $T \uparrow$ müssen insgesamt gleich 1600 kg $\downarrow$ sein.

Bild: 21   22   23

Beisp. 2. Bild 20. Kolbenstange (links) und
Schubstange (rechts) sind durch den Kreuzkopf
miteinander verbunden. Nur die Kräfte sind eingezeichnet, die den Kreuzkopf angreifen. An diesem zieht die Kolbenstange nach ←, die Schubstange nach →. Die Gleitbahn drückt gegen den
Kreuzkopf nach ↑.

Die Gegenkraft von Z zieht an der Kurbel und
dreht sie rechts herum. Die Gegenkraft von Q' drückt
auf die Gleitbahn nach ↓.

Die **Seilkräfte** S und Z laufen parallel mit den
Stangenkräften S und Z. Ist die Kraft in der
Kolbenstange ebenso stark wie im waagrechten
Seil, so beträgt der Druck gegen den Kreuzkopf ↑
soviel, wie die Blechtafel wiegt. Ferner ist dann die
Kraft in der Schubstange gleich der im schrägen Seil.

Das große Parallelogramm in Bild 19 gilt also
auch für den Kurbeltrieb, obwohl hier wie dort die
kraftübertragenden Körper einen ganz verschiedenen
Zweck erfüllen und sehr ungleiche Gestalt haben.

Äußerst mannigfaltig sind Bau- und Maschinen-
teile. Das Wesentliche ist allen gemeinsam, daß
nämlich das Spiel der Kräfte stets das einfache
Gesetz des Kräfteparallelogrammes befolgt. Dies
zu erkennen, werden wir üben an vielen, äußerlich
ganz verschiedenen Beispielen.

Beisp. 3. Die Lokomotive in Bild 24 ist außer
Betrieb. Wir wollen sie mittels der beiden Winden
heranziehen. Eine Federwaage zeigt die Kraft S an.

Wie stark muß Z sein, damit die gesamte Zugkraft P mit den Schienen parallel läuft? Wie groß
ist der Fahrwiderstand, also die Kraft P?

An der Lokomotive zieht die Seilkraft P nach →,
am Knotenpunkt der 3 Seile dagegen nach ←. Statt

an diesem Punkt nach ← ziehend, können wir uns
P auch gegen den Knotenpunkt nach ← drückend
vorstellen. Dann erkennen wir leichter in P die
Diagonale eines Parallelogrammes.

Bild: 24   25

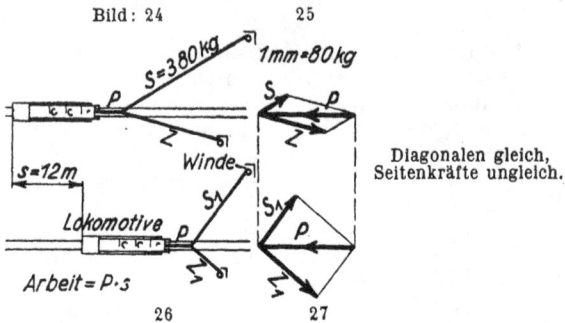

Diagonalen gleich,
Seitenkräfte ungleich.

26   27

Bild 28. Wir tragen zunächst S maßstäblich ab und
fahren fort, wie die nächsten Bilder 29 und 30 zeigen.
Schließlich messen wir ab (Bild 25) $Z = 770$ kg,
$P = 1070$ kg.

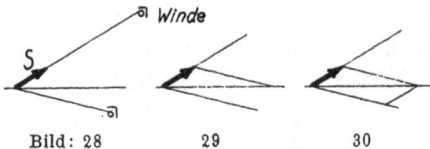

Bild: 28   29   30

Beisp. 4. In Bild 26 müssen die Winden stärker
als vorher ziehen, denn der Fahrwiderstand, d. h.
die Diagonale des Kräfteparallelogrammes, änderte
sich nicht.

Ermittle die Seilkräfte S_1 und Z_1.

Jetzt ist die Diagonale gegeben. Hiervon gehen
wir aus und erhalten Bild 27.

Wir zogen die Lokomotive 12 m vorwärts. Hierzu
war **Arbeit** nötig. Unter Arbeit versteht man das
Produkt aus der **Kraft** P und ihrem **Wege** s. Also

Arbeit $= P \cdot s = 1070$ kg $\cdot$ 12 m $= 12840$ kg $\cdot$ m.

Statt kg $\cdot$ m schreibt man einfach **kgm** und liest »Kilo-
grammeter«.

Beisp. 5. Bild 31. An der Stange zieht ↓ ein Kolben, durch Wasserdruck getrieben. Die rechte Fahrbahn weicht nach → aus und dient dazu, Panzerplatten zu biegen.

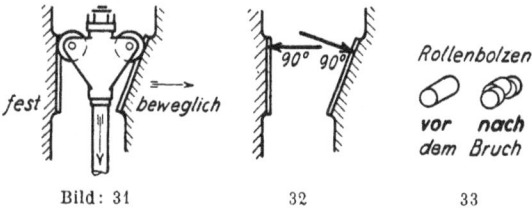

Bild: 31   32   33

Bild 32 zeigt die Kräfte, mit denen die Rollen gegen die Fahrbahn drücken. Umgekehrt drücken diese Flächen gegen die Rollen, wie Bild 34 zeigt. Diese Kräfte S und P stehen senkrecht zum Umfang der Rollen und laufen folglich durch deren Mittelachsen.

In Bild 34 schneiden sich die Wirkungslinien von S, P und Z nicht in einem Punkt (wie die der Seilkräfte in Bild 24). Sie können also auch kein

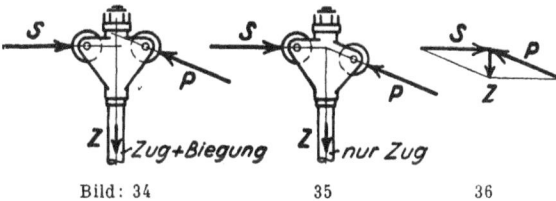

Bild: 34   35   36

Parallelogramm bilden und sind nicht im Gleichgewicht. Deshalb verbiegen S und P die Kolbenstange, und zwar so). Sie klemmt sich in der Stopfbuchse.

Um das zu vermeiden, rücken wir die rechte Rolle nach unten (Bild 35), bis sich die 3 Wirkungslinien in einem Punkt schneiden. Die Zugkraft Z der Kolbenstange ist bekannt. Also können wir das Parallelogramm in Bild 36 zeichnen und daraus die Rollenkräfte S und P abmessen. Jetzt wird die Stange nur noch durch Zug beansprucht.

Kümmern wir uns nicht um das Kräftespiel, ordnen wir also die Rollen gleich hoch an, so erleichtern wir etwas die Herstellung. Dies hat aber den erwähnten, größeren Nachteil zur Folge.

Bild 33. Damit der Bolzen genügend Sicherheit bietet, berechnet man den erforderlichen Durchmesser auf Grund der Festigkeitslehre. Vorher ermitteln wir den maßgebenden Rollendruck P nach den Regeln der Mechanik.

III. Moment einer Kraft.

1. Ein Produkt als Maß.

A. Bild 38. Der Hebelarm unserer Kraft P hängt nicht ab von der Länge des Schlüssels oder von der Entfernung der Löcher, sondern nur von dem kürzesten Abstand, in dem die Kraftlinie an der Drehachse vorbeiläuft.

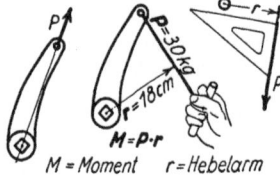

Dieser Abstand ist das **Lot von der Drehachse auf die Kraft** und ist der wahre **Hebelarm** r. Bild 39 zeigt, wie man am einfachsten ein Lot fällt.

Das Drehvermögen ist um so größer, je stärker die **Kraft** P und je länger ihr **Hebelarm** r oder je größer $P \cdot r$ ist. Dies **Produkt** nennt man das Drehmoment oder einfach das **Moment** der Kraft und kürzt es mit M ab[1]). Es ist

$$M = P \cdot r = 30 \text{ kg} \cdot 18 \text{ cm} = 540 \text{ kgcm.}$$

---

[1]) *movimentum* (lat.) bedeutet »das Bewegende«. Moment = Augenblick ist französisch.

Ein ebenso großes Moment erzeugt eine 20 kg starke Kraft an einem 27 cm langen Hebelarm, denn auch 20 kg · 27 cm = 540 kgcm.

Daß es $M = P \cdot r$ heißen muß und nicht $M = P + r$, erkennt man, wenn $r = 0$ ist, wenn also wie in Bild 37 die Wirkungslinie der Kraft durch die Drehachse läuft und nicht daran vorbei wie meistens. Dann liefert nur $M = P \cdot r = P \cdot 0$ das richtige Ergebnis, nämlich Null. $6 + 0 = 6$, aber $6 \cdot 0 = 0$.

In Bild 37 verbiegt P die Welle nur. Drehen kann sie sie nicht.

B. Schreitet die Kraft in ihrer Wirkungslinie um 2 cm fort, so verrichtet sie eine **Arbeit** $P \cdot s =$ 30 kg · 2 cm = 60 **kgcm**. Die **Maßeinheiten** des Momentes und der Arbeit sind **äußerlich gleich.** Ihrer Bedeutung nach unterscheiden sie sich aber sehr, weil $P\downarrow$ und $r \rightarrow$ einen **rechten Winkel** bilden, $P\downarrow$ und $s\downarrow$ jedoch in **derselben Geraden liegen.**

Ein **Moment** kann man schon durch eine **stillstehende** Kraft erzeugen, **Arbeit** dagegen nur durch eine **fortschreitende.** Ob man ein Moment oder eine Arbeit berechnete, lassen die Maßeinheiten nicht mehr erkennen.

2. Hebelgesetz.

a) Zeichnerische Lösung.

Bild 40. Die Wandung des Loches ist so glatt, daß sie keinerlei Reibungswiderstand bietet. Also können wir mit einem Stab **schräg** gegen eine solche Fläche nicht drücken. Er gleitet sofort aus.

Damit dies nicht geschieht, muß die Kraft senkrecht auf der Wandung stehen wie im nächsten Bild 41. Dann läuft die Wirkungslinie durch die **Mitte** des Loches.

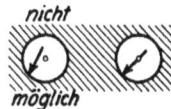
Bild: 40   41

Bild 42. Wie stark muß die Kraft Z sein, damit sie der Last Q das Gleichgewicht hält? Der Lagerbock ist nicht mitgezeichnet.

2*

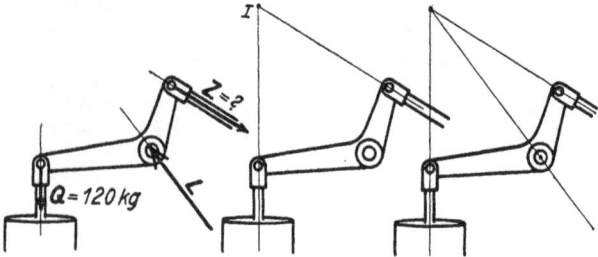

Bild: 42   43   44

Außer den abwärts gerichteten Kräften Q und Z greift noch der aufwärts wirkende Lagerdruck L den Hebel an. Die Wirkungslinie dieser Kraft L läuft durch die Mittelachse des Lagerzapfens (wie in Bild 41), also durch die Drehachse des Hebels. L ist die Gegenkraft von Q und Z.

Diese 3 Kräfte müssen also Seiten und Diagonale eines Parallelogrammes bilden. Das können sie nur, wenn sie einen gemeinsamen Angriffspunkt haben (wie die Seilkräfte in Bild 24).

Deshalb verschieben wir zunächst die Angriffspunkte von Q und Z auf ihren Wirkungslinien aufwärts. Dadurch ändern wir ja ihre Wirkung nicht.

Immer mehr nähern sich die beiden Angriffspunkte. Schließlich stoßen sie zusammen im Punkt I (Bild 43). Dort tritt noch hinzu der Angriffspunkt der dritten Kraft L. Durch diesen Punkt I und die Drehachse des Hebels läuft also die Wirkungslinie der Stützkraft L, wie im nächsten Bild 44 gezeichnet.

Da Q gegeben ist, läßt sich das Kräfteparallelogramm in Bild 45 zeichnen. Wir messen ab $Z = 208$ kg.

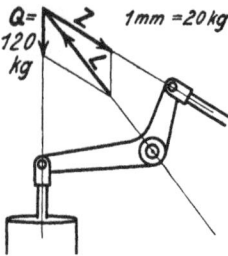

Bild 45

Gleichzeitig liefert das Parallelogramm die Größe des Lagerdruckes L.

Schieben wir nun die Kräfte bis zu ihren wirklichen Angriffspunkten zurück, so entsteht wieder Bild 42.

b) Rechnerische Lösung.

I. Bild 46. Die Kräfte Z und Q sind bestrebt, den Hebel zu drehen, und zwar im entgegengesetzten Sinn. Ihre **Momente heben sich auf,** da Gleichgewicht herrscht. Aber die Kräfte Z und Q als solche, also ohne ihre Hebelarme zu berücksichtigen, können sich nicht aufheben.

Hierzu bedarf es noch des aufwärts gerichteten Stützdruckes L (in Bild 42 eingezeichnet). Er geht durch die Drehachse. Also ist sein Hebelarm

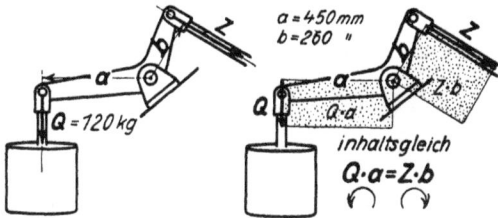

Bild: 46   47

und somit auch sein Moment = Null. Insgesamt sind 3 Kräfte vorhanden, aber nur 2 Momente.

Das Moment der Last ist $Q \cdot a$. Dies Produkt wurde in Bild 47 veranschaulicht durch ein Rechteck mit der Höhe Q und der Länge a. Dessen Inhalt ist gleich $Q \cdot a$, also gleich dem Moment der Last Q. Entsprechend stellt das andere Rechteck das entgegengesetzt drehende Moment $Z \cdot b$ dar.

Da Gleichgewicht herrscht, müssen beide Rechtecke inhaltsgleich sein. Also

linksdrehendes Moment = rechtsdrehendem Moment

oder   Moment = **Gegen**moment

oder $Q \cdot a = Z \cdot b$.

Hieraus folgt

Streckenverhältnis   unbenannt

$$Z = Q \cdot \left[\frac{a}{b}\right] = 120\,\text{kg} \left[\frac{450\,\text{mm}}{260\,\text{mm}}\right] = 120\,\text{kg} \cdot 1{,}73 = 208\,\text{kg}.$$

Dies errechnete Ergebnis deckt sich mit dem zeichnerisch gefundenen. Da 450 mm : 260 mm = 1,73 (unbenannt), ist die **Übersetzung 1 : 1,73.** Der eine Hebelarm mißt das **1,73**fache des anderen. Die Kraft Z beträgt das **1,73**fache der Last Q.

II. Verschieben wir die Angriffspunkte der Kräfte Z, Q und L auf ihren Wirkungslinien nach oben, so genügt der ganz anders gestaltete Hebel in Bild 48. Das frühere Kräfteparallelogramm bleibt aber gültig.

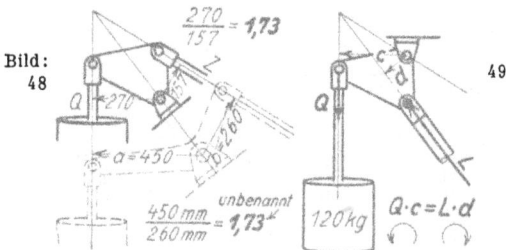

Bild: 48   49

50

Also ist wieder $Z = 208$ kg. Die **Hebelarme** a und b nahmen gleichmäßig ab. Ihr Verhältnis, also die Übersetzung, änderte sich **nicht**, denn auch 270 : 157 = **1,73.**

Wie lang a und b sind, ist nebensächlich. Es kommt nur darauf an, wie oft b in a enthalten ist. Darum darf man Hebelarme mit **beliebigem** Maß messen. Es muß allerdings **einheitlich** sein. Dann kürzen sich die Maßeinheiten weg.

III. In Bild 49 sitzt der Lagerbock oben. Dort hat er ebensoviel auszuhalten wie vorher die Stange Z. Dafür wurde der frühere Lagerdruck L Stabkraft.

Aus der Bedingung $L \cdot d = Q \cdot c$ erhalten wir L ebenso groß wie aus dem Parallelogramm in Bild 45.

IV. Bild 42. L drückt gegen den Hebel. Die Gegenkraft von L, also L' in Bild 51, belastet den Lagerbock.

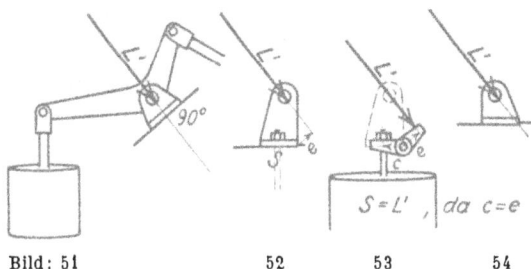

Bild: 51   52   53   54

In Bild 52 will L' den Bock **kippen** um die rechte Kante am Hebelarm e. Diesen Bock müssen wir also festschrauben im Gegensatz zu dem in Bild 51. Dort könnten Schrauben fehlen.

Der Zug der Schraube S läßt sich leichter berechnen, wenn wir uns an Stelle des Lagerbockes einen richtigen Hebel denken, wie Bild 53 zeigt. Wir sehen, daß L' und die Last S zufällig an **gleich langen** Hebelarmen wirken. Also ist der Schraubenzug ebenso stark wie der Lagerdruck.

In Bild 54 geht L' durch die **Kippkante.** Dort hat also L' keinen Hebelarm. Diesen Bock brauchen wir nicht festzuschrauben. Wir werden es aber sicherheitshalber doch tun.

IV. Gleichgewichtsbedingungen.

1. Schiebende Kraftwirkung.

Bild 55. Da die 3 Kräfte des Hebels aus dem zugehörigen Parallelogramm in Bild 56 entnom-

men wurden, ist er im Gleichgewicht. Die Kräfte
in Bild 55 sind in Bild 57 gestrichelt gezeichnet.
Sie wurden in waagrechte und lotrechte Seitenkräfte zerlegt.

Wir finden

$A + E = D$ (Bild 58) und $B + F = C$ (Bild 59)
oder

$A + E — D =$ Null und $B + F — C =$ Null.

Das heißt, in waagrechter und lotrechter Richtung ist
der **Kraftüberschuß = Null.** Hierfür schreibt man
kurz $\Sigma H = 0$ und $\Sigma V = 0$.

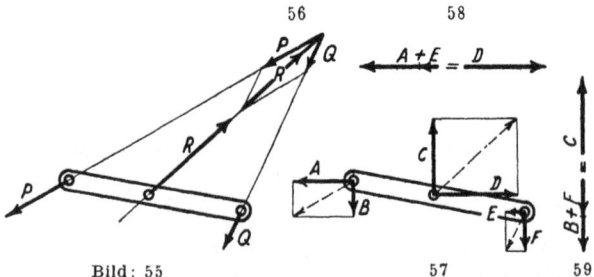

Bild: 55 57 59

Die Kräfte **verschieben** den Hebel nicht.

Das Σ ist das große griechische S (lies »Sigma«).
Die Buchstaben V und H sind den Worten Verti-
kale und Horizontale entnommen. Lies »Summe H
gleich Null«.

Es bedeutet ΣH die algebraische Summe
der waagrechten Kräfte. Das ist eine Summe,
die die verschiedene Richtung der Kräfte berücksichtigt, indem man von den Kräften der einen
Richtung die der anderen abzieht. Das Ergebnis
ist Null, wenn Gleichgewicht herrscht.

2. Drehende Kraftwirkung.

I. Die Kräfte in Bild 60 wurden einem Parallelogramm (Bild 56) entnommen. Sie sind folglich

schon unter sich im Gleichgewicht. Der Lagerbock könnte also fehlen. Er wird gar nicht belastet.

Da sich die drehende Wirkung der 3 Kräfte
aufhebt, gilt

rechtsdrehende Momente = linksdrehendem Moment
Also $\qquad R \cdot c + Q \cdot a = P \cdot b.$

Diese Momente sind in Bild 61 maßstäblich
durch Rechtecke veranschaulicht. Die beiden
kleinen, linken haben zusammen einen Inhalt, der
gleich dem des großen Rechteckes ist. Wir dürfen
auch schreiben

$$R \cdot c + Q \cdot a - P \cdot b = \text{Null}.$$

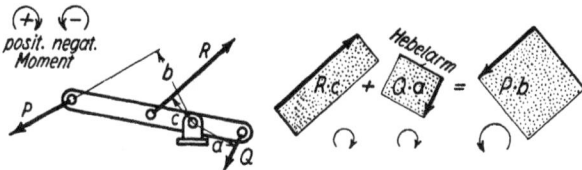

Bild: 60 $\qquad$ 61
Die Kräfte drehen den Hebel nicht

Das heißt, es ist der **Überschuß an Drehmoment**
= **Null.** Hierfür schreibt man kurz $\Sigma M = 0$.
Jetzt bedeutet ΣM die algebraische Summe
der Momente. Wir bilden sie, indem wir von den
Momenten des einen Drehsinnes die des anderen
abziehen.

Man unterscheidet den Drehsinn durch Vor-
zeichen, wie Bild 60 links oben zeigt.

II. Wenn Gleichgewicht herrscht, ist für jede
beliebige Drehachse $\Sigma M = 0$. Um dies nachzuprüfen, denken wir uns den Hebel mit dem
in Bild 62 angedeuteten Schraubenbolzen drehbar
verbunden.

Die Hebelarme sind jetzt andere als vorher
und folglich auch die Rechtecke in Bild 63. Ver

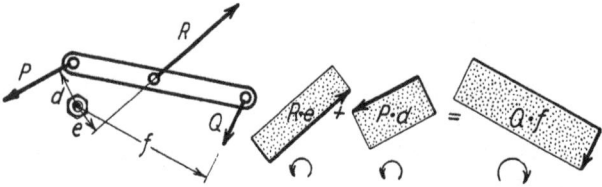

Bild: 62   63

gleichen wir das rechte mit den beiden kleinen, so erkennen wir wieder, daß kein Überschuß an Drehmoment vorhanden ist.

3. Zusammenfassung.

Ein Körper ist im Gleichgewicht, wenn sich die **drehende** und **schiebende** Wirkung aller Kräfte **aufhebt.** Diese Gleichgewichtsbedingungen lauten kurz

$$\Sigma H = 0 \qquad \Sigma V = 0 \qquad \Sigma M = 0$$

V. Wechselwirkung.

A. Statt $\Sigma V = 0$ und $\Sigma M = 0$ darf man auch sagen gemäß

Bild 64: Kraft   = **Gegen**kraft,
» 65: Moment = **Gegen**moment.

Nicht nur Kräfte, sondern auch Momente von Kräften treten paarweise auf. Jedes Moment erzeugt ein gleich großes Gegenmoment.

Einzeln kann ein Moment nicht entstehen. Um z. B. eine Flasche mit Schraubverschluß zu öffnen, genügt es nicht, nur den Deckel anzupacken. Drehen können wir ihn erst, wenn wir die Flasche festhalten. Dann ist das Moment der einen Hand das Gegenmoment der anderen.

Bild: 64   66

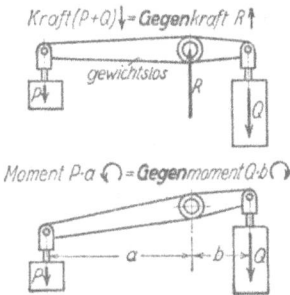

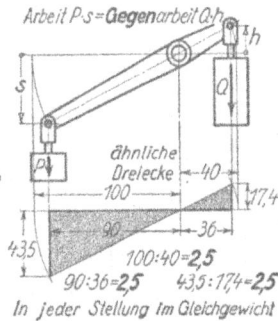

65   67

Gesetz der Wechselwirkung

B. I. Bild 66. In waagrechter Stellung des
Hebels ist die Übersetzung $100 : 40 = 2{,}5$. Dann
beträgt die Last Q das 2,5fache der Kraft P.

Während sich der Körper neigte, nahmen die
Hebelarme ab, und zwar gemäß Bild 67 bis 90 und
36 mm. Da $90 : 36 = \mathbf{2{,}5}$, änderte sich die Übersetzung nicht. Darum herrscht wieder Gleichgewicht. Wieder muß Q das 2,5fache von P betragen.

Dies beruht darauf, daß die schattierten **Dreiecke ähnlich** sind. Das heißt, das rechte ist eine
maßstäbliche Verkleinerung des linken.

Senken wir dagegen in
Bild 68 das linke Gewicht,
so nimmt a ab und b zu.
Lassen wir es los, so pendelt
der Hebel wieder in die vor-
herige Stellung zurück. Nur
in dieser herrscht Gleichgewicht.

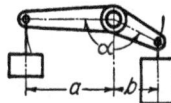

Nur in dieser Stellung i. Gleichgew.

Bild 68

Ist dagegen $\alpha = \mathbf{180^0}$ wie in Bild 66, so ändern
sich die Hebelarme gleichmäßig. Ein solcher Hebel
bleibt in jeder Stellung stehen.

II. Bild 66. Die Kraft $P \downarrow$ zieht nach unten und
legte in der gleichen Richtung die Strecke $s \downarrow$ zu-

rück. Auch die Last $Q \downarrow$ strebt abwärts, aber ihr Weg $h \uparrow$ ist umgekehrt gerichtet.

Man bezeichnet $P \downarrow \cdot s \downarrow$ als positive und $Q \downarrow \cdot h \uparrow$ als negative Arbeit.

P sank um 43,5 mm. Gleichzeitig stieg Q um 17,4 mm. Wieder ist $43,5 : 17,4 = 2,5$. Also ist nicht nur $Q = 2,5\, P$, sondern auch $s = 2,5\, h$.

Folglich sind die Kräfte P und Q ebenso ungleich wie ihre Wege s und h, so daß gilt

$$P \cdot s = Q \cdot h$$

Arbeit der Kraft = Arbeit der Last.

Sobald die Lokomotive in Bild 69 am Wagen zieht ←, zieht der Wagen rückwärts → ebenso stark an der Lokomotive. Eine Kraft arbeitet erst, wenn sie fortschreitet und dabei einen Widerstand, also eine widerstrebende Kraft überwindet. Dann arbeitet eine Kraft gegen ihre ebenfalls arbeitende Gegenkraft, so daß ist

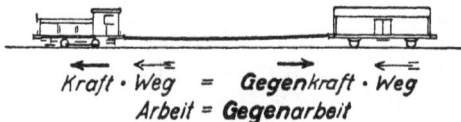

Kraft · Weg = Gegenkraft · Weg
Arbeit = Gegenarbeit

Bild: 69

Also tritt auch Arbeit paarweise auf. Auf waagrechten Schienen verwandelt sich die Gegenarbeit in Reibungswärme. In Bild 66 besteht die Gegenarbeit in Hubarbeit.

Jede Wirkung (Kraft, Moment, Arbeit) erzeugt eine entsprechende Gegenwirkung.

VI. Parallele Kräfte.

1. Einfache Hebel.

a) Zerreißversuch.

Bild 70. Das Gewicht des Hebels denken wir uns im Schwerpunkt vereinigt. Diesen stellen wir uns vor als ein winziges, 24 kg schweres Kügelchen. Die

Umgebung ist dann gewichtslos. Die lotrechte Wirkungslinie der 24 kg starken Schwerkraft geht durch den Schwerpunkt. Drehen wir den Hebel, so pendelt er von selbst nicht wieder zurück. Er bleibt in jeder Stellung stehen.

Also übt die Schwerkraft kein Drehmoment aus. Ihr Hebelarm, d. h. ihr Abstand von der Drehachse (Kante der Schneide), muß gleich Null sein. Also liegt der Schwerpunkt in der Drehachse.

Dieser Hebel hat nach keiner Seite Übergewicht. Darum ist er für Waagen besonders geeignet. Sein eigenes Gewicht stört nicht.

71

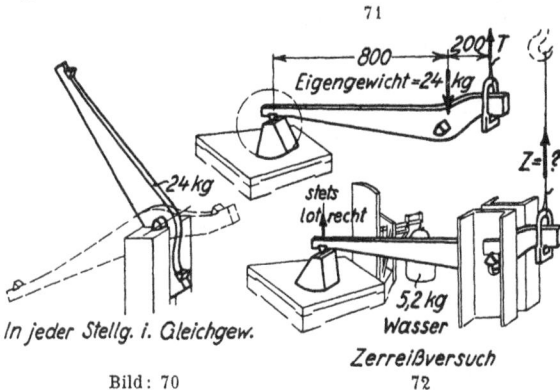

In jeder Stellg. i. Gleichgew.

Bild: 70

Zerreißversuch

72

I. In Bild 72 dient der Hebel dazu, einen Draht zu zerreißen. Dort spannt schon das eigene Gewicht des Hebels den Draht.

Beisp. 6. Diese Zugkraft ist in Bild 71 mit T bezeichnet. Wir wollen sie berechnen.

Die linke Schneide ruht auf einem Körper, der aus einer Walze stammt. Die Kante der Schneide deckt sich mit der Mittelachse der Walze. Schwingt der Hebel ein wenig ← und →, so bewegt sich die linke Schneide so, daß sie stets genau lotrecht über der Geraden liegt, in der der Wälzkörper die waagrechte Tafel der Waage berührt. Er drückt gegen die Schneide.

Die Wirkungslinie dieser Kraft ↑ bleibt auch in Bild 72 stets lotrecht, während sich die Tafel der

Waage hebt und senkt. Die Gegenkraft ↓ drückt auf die Waage.

Die Waage ist nur genau, wenn wir sie lotrecht belasten. Deshalb lassen wir den Hebel nicht unmittelbar darauf drücken, sondern zunächst auf den Wälzkörper. Sonst würde die Schneide des Hebels auf der Tafel gleiten und sie zur Seite drängen, also schräg darauf drücken.

Der Draht T ist an einem Kranhaken befestigt. Hebt oder senkt sich der Haken ein wenig, so dreht sich der Hebel um die linke Schneide. Also mißt der Hebelarm der Kraft T nicht 200, sondern $200 + 800 = 1000$ mm. Das Drehmoment der Kraft T hebt das Moment des Eigengewichtes auf. Also

linksdrehendes Moment = rechtsdrehendem Moment

$$T \cdot 1000 = 24 \cdot 800;$$

$$T = 24 \frac{800}{1000} = 19{,}2 \text{ kg.}$$

Der Wälzkörper trägt den Rest des Hebelgewichtes, also 4,8 kg.

II. Bild 72. Während der Kranhaken langsam anzieht, gießen wir Wasser in den Eimer, so daß die Zungen der Waage fluchten. Dann hält das Wasser ↓ der Kraft Z ↑ das Gleichgewicht.

Die Schneiden des Hebels liegen in einer Ebene wie in Bild 66 die Mittelachsen der drei Löcher. Also ändert sich das Übersetzungsverhältnis nicht, während sich der Hebel um die mittlere Schneide hin und her dreht.

Dann schwingt die Tafel der Waage waagerecht ↑ und ↓. Gleichzeitig wandert der Wälzkörper ← und →. Aber die Wirkungslinie des Druckes gegen die linke Schneide ↑ bleibt stets lotrecht.

Beisp. 7. Der Draht zerriß, als 5,2 kg Wasser eingefüllt waren. Welche Zugkraft hielt er aus? Als der Eimer noch leer war, fluchteten die Zungen der Dezimalwaage, und die Kraft im Draht war $T = 19{,}2$ kg (vorhin berechnet).

Druck gegen die linke Schneide $\uparrow = 5,2 \cdot 10 = 52$ kg. Da die Hebelübersetzung 200 : 800 = 1 : 4 beträgt, erzeugt das Wasser im Draht eine Kraft von $52 \cdot 4 = 208$ kg. Also Gesamtbelastung $Z = 208 + T = 208 + 19,2 = 227,2$ kg. Dies Ergebnis wird sehr genau sein, da an den Schneiden fast keine Reibung entsteht.

Der gesamte Druck gegen die linke Schneide $\uparrow$ beträgt $52 + 4,8 = 56,8$ kg. Gegen die mittlere Schneide $\downarrow$ drücken $52 + 208 = 260$ kg. Die Gegenkraft zieht an den ⊔-Stahlen $\uparrow$ mit 260 kg.

b) Sicherungsbolzen.

Bild 73. Ist das Schmiedestück zu dick, so besteht die Gefahr, daß das gußeiserne Gestell der mit einem mächtigen Schwungrad ausgestatteten Schmiedemaschine zerbricht. Damit der Stauchdruck Q einen noch zulässigen Höchstwert nicht überschreitet, wurde der Sicherungsbolzen eingebaut.

Beisp. 8. Er soll zerreißen (Bild 75), sobald $Q = 120$ t ist. Welche Kraft herrscht dann im Bolzen? Er erfüllt einen ähnlichen Zweck wie die Sicherung in der elektrischen Leitung.

Bild: 73   74

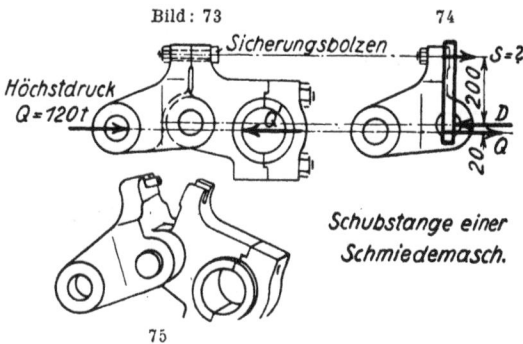

Schubstange einer Schmiedemasch.

75

Sobald die Schubstange aufknickt, drehen sich beide Teile um die Mittelachse des Gelenkbolzens. Das Drehmoment des Stauchdruckes Q erzeugte im Sicherungsbolzen eine Zugkraft S. Bezeichnen wir Q als äußere Kraft, so war S eine innere Kraft.

Um diese zu berechnen, machen wir sie auch zu einer äußeren Kraft, indem wir an der Bruchfläche des Sicherungsbolzens eine so starke Zugkraft S anbringen, daß diese dem Drehmoment des Stauchdruckes Q das Gleichgewicht hält.

Der linke Teil der Schubstange wirkt wie der in Bild 74 dick gezeichnete, stabförmige Hebel. Q drückt nach → und erzeugt ein linksdrehendes Moment. S zieht nach → und will den Stab entgegengesetzt drehen wie Q. Auf den Gelenkbolzen drückt die Stützkraft D nach ←.

Die Gegenkräfte von S, Q und D greifen den rechten Teil der Schubstange an. Daran zieht also der Sicherungsbolzen nach ←, und der Stauchdruck drückt auf diesen Körper nach ←. Die Stützkraft gabelt sich und drückt auf die Enden des Gelenkbolzens nach →. Da eine Übersetzung von $20 : 200 = 1 : 10$ besteht, ist $S = 120 : 10 = 12$ t. Stützdruck $D = S + Q = 132$ t.

Bevor der Bolzen S zerreißt, dehnt er sich etwas. Dadurch entsteht auf den Gleitflächen Reibung. Sie zehrt einen Teil des Stauchdruckes auf. Darum entsteht im Bolzen S ein Zug von 12 t erst, nachdem der Stauchdruck den zulässigen Höchstwert überschritten hat. Also muß man den Sicherungsbolzen so bemessen, daß er schon durch weniger als 12 t zerreißt.

Je größer die Durchmesser der Gleitflächen sind, desto mehr bremst die Reibung.

c) Knickversuch.

Bild 76. Den Stab $I\ II$ wollen wir durch einen Druck von $Q = 1,7$ t $= 1700$ kg prüfen. Dessen Wirkungslinie geht durch die Mitte der Bolzen I und II. In Bild 77 ist

Bild: 76

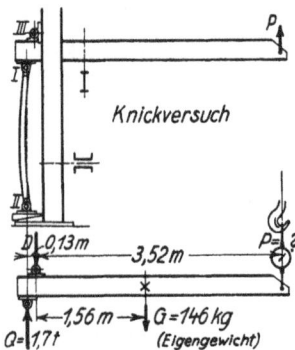

Knickversuch

0,13 m   3,52 m

←—1,56 m —→ $G = 146$ kg

$Q = 1,7$ t   (Eigengewicht)

P

$P = ?$

77

der Schwerpunkt durch ein × markiert. Der Hebel
wiegt 146 kg.

Beisp. 9. Berechne die erforderliche Kraft $P \uparrow$
und den Stützdruck $D \downarrow$.

Dieser geht durch die Drehachse *III* des Hebels
und kann ihn folglich nicht drehen.

Q und G erzeugen positive Momente im Gegensatz
zu P.

linksdrehendes Moment = rechtsdrehenden Momenten
$$P \cdot 3{,}52 = 1700 \cdot 0{,}13 + 146 \cdot 1{,}56$$
$$P = \frac{1700 \cdot 0{,}13 + 146 \cdot 1{,}56}{3{,}52} = 128 \text{ kg.}$$

Da $\Sigma V = 0$, ist
$$D \downarrow + G \downarrow = Q \uparrow + P \uparrow.$$

Also $D = Q + P - G = 1700 + 128 - 146 = 1682$ kg.
Die Gegenkraft von D will die beiden ⊏ Stahle aus dem
Boden ziehen. Die Gegenkraft von Q könnte die beiden
Keile (bei *II*) zerdrücken.

Beisp. 10. Wie groß ist Q, wenn wir den Kranhaken etwas senken, so daß die Federwaage statt
128 kg nur noch 100 kg anzeigt?

Es ist immer ratsam, die Momentengleichung so zu
beginnen. daß auf der linken Seite sogleich die unbekannte Größe steht. Dann läßt sich die Gleichung
rascher auflösen.

$$Q \cdot 0{,}13 + 146 \cdot 1{,}56 = 100 \cdot 3{,}52.$$
$$Q = \frac{100 \cdot 3{,}52 - 146 \cdot 1{,}56}{0{,}13} = 955 \text{ kg.}$$

Hebt man das rechte Ende des Hebels immer
weiter an, so dreht sich die Wirkungslinie der
Druckkraft Q um *II*. Sie steht nicht mehr lotrecht.
Liegen schließlich die Achsen *I*, *II* und *III* in
einer Ebene, so ist der Hebelarm von Q gleich
Null. Dann braucht die Kraft P nur noch das Moment der Schwerkraft G aufzuheben.

Diese Stellung des Hebels zeichne man ein. Punkt *I*
beschreibt um *III* einen Kreisbogen.

d) Bandsäge.

Bild 79. Das Sägeblatt läuft wie ein Treib-
riemen über zwei Räder. Es wird mittels der
Schraube C eingestellt. Dann dreht sich der ganze
Lagerkörper um I.

Die Urformen des Hebels waren stabförmig
wie etwa Brechstange und Hebebaum. Auch der
schattierte Lagerkörper als Ganzes wirkt wie ein Hebel
im weiteren Sinne des Wortes. Bild 78 zeigt ihn vereinfacht.

Beisp. 11. Die Kraft Q in beiden Strängen des
Sägeblattes soll insgesamt 150 kg betragen. Ermittle die Stellkraft C.

Für Achse I gilt gemäß Bild 78
$$C \cdot 300 = Q \cdot 210;$$

$$C = \overset{Q}{\overbrace{150}}\, \frac{210}{300} = 105\ \text{kg}.$$

Die Wirkungslinien von Q und C schneiden sich
im Punkt II. Durch diesen und Punkt I muß die
Wirkungslinie der Kraft laufen, die das Ganze stützt
(wie in Bild 44).

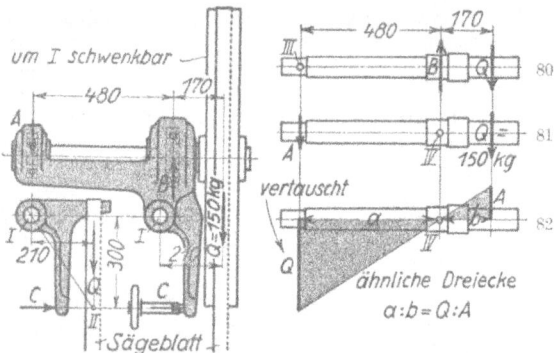

Bild: 78   79

Beisp. 12. Berechne die Kräfte A und B zum
Stützen der Welle.

Rechnerische Lösung:

1. Wir denken uns die Welle herausgenommen (Bild 80) und um Punkt *III* schwenkbar. Dieser wurde auf die Wirkungslinie der Stützkraft *A* gelegt, damit deren Moment gleich Null ist.

Dadurch erreichen wir, daß die folgende Gleichung nur noch **eine** Unbekannte enthält.

$$B \cdot 480 = 150 \,(480 + 170); \quad B = 150 \frac{650}{480} = 203{,}2 \text{ kg}.$$

Aus $\Sigma V = 0$ folgt $A \downarrow + Q \downarrow = B \uparrow$;

$$A = B - Q = 203{,}2 - 150 = 53{,}2 \text{ kg}.$$

Gegen die Welle drückt *B* nach $\uparrow$, *A* nach $\downarrow$. Auf den schattierten Gußkörper drückt aber die Gegenkraft von *B* nach $\downarrow$, ferner die Gegenkraft von *A* nach $\uparrow$.

2. Die Lagerkraft *A* läßt sich auch aus Bild 81 berechnen. Dort ist die Drehachse in *IV* angenommen (auf der Wirkungslinie von *B*).

$$A \cdot 480 = 150 \cdot 170; \quad A = 150 \frac{170}{480} = 53{,}2 \text{ kg}.$$

Gemäß $\Sigma V = 0$ muß (zur Probe) sein $B = A + Q = 53{,}2 + 150 = 203{,}2$ kg.

Zeichnerische Lösung:

Bild 67. Wir sahen, daß die **Höhen** der schattierten Dreiecke ebenso ungleich sind wie die **Kräfte** *P* und *Q*. Ist **eine** Höhe (**eine** Kraft) gegeben, so können wir daraus die **andere** Höhe (**andere** Kraft) zeichnerisch finden. Dies wollen wir auf die Welle der Bandsäge anwenden.

Bild 82. Auf der Wirkungslinie von *A* (links) tragen wir nicht die zugehörige Kraft *A*, sondern *Q* ab im Maßstab 2 mm = 25 kg. Also zeichnen wir 150 kg = 12 mm.

Dann ziehen wir durch den Drehpunkt *IV* die geneigte Gerade. Sie schneidet auf der Wirkungslinie von *Q* (rechts) eine Strecke ab, die nicht der dortigen Kraft *Q*, sondern *A* entspricht. Diese Strecke ist knapp 4,3 mm lang und bedeutet daher 53,2 kg. So groß erhielten wir *A* auch aus der Momentengleichung.

Da die schattierten Dreiecke ähnlich sind, gilt

$$a : b = Q : A.$$

Ist z. B. b in a 3mal enthalten, so geht auch A in Q 3mal auf. Kraft und Last sind ebenso ungleich wie ihre Hebelarme.

e) Krangehänge.

In einer Werkstatt sind zwei Laufkrane. Der starke darf höchstens 12 t tragen, der andere 5 t. Beide Krane sollen vereint eine 17 t schwere Last heben. Hierzu dient das Gehänge in Bild 84. Haben sich die Krane soweit wie möglich genähert, so sind ihre Haken um 3,2 m voneinander entfernt.

Beisp. 13. In welchem Abstand a muß man den Haken für die 17 t schwere Last anbringen, damit keiner der beiden Krane überlastet wird?

Drei rechnerische Lösungen:

1. Steht der linke Haken still, während sich der rechte ein wenig hebt oder senkt, so dreht sich der Balken um die Achse I.
Dann wirkt die 17 t ↓ starke Kraft an dem noch unbekannten Hebelarm a und die 12 t ↑ starke am Hebelarm 3,2 m. Beide Kräfte erzeugen Momente im entgegengesetzten Drehsinn. Diese Momente (nicht Kräfte) müssen gleich groß sein, da Gleichgewicht herrscht. Also gilt für

Achse I   Lastverhältnis

$$17 \cdot a = 12 \cdot 3,2; \quad a = 3,2 \text{ m} \cdot \left[\frac{12 \text{ t}}{17 \text{ t}}\right] = \textbf{2,26 m.}$$

Damit fanden wir die **Lage** der Gegenkraft ↓ zu parallelen ↑ ↑ Kräften.

2. Um dies Ergebnis nachzuprüfen, wollen wir a noch anders berechnen. Wir lassen jetzt den rechten Haken stillstehen und heben den linken an. Dann dreht sich der Balken um II. Also gilt für

Achse II·

$$17 \cdot (3,2 - a) = 5 \cdot 3,2$$
$$17 \cdot 3,2 - 17 \cdot a = 5 \cdot 3,2, \quad 17 \cdot a = 17 \cdot 3,2 - 5 \cdot 3,2$$
$$a = \textbf{2,26 m}$$

3. Schließlich denken wir uns den Balken noch um III schwenkbar. Dann bewegen sich die Haken I und II entgegengesetzt, und es gilt für

Achse III:

$$5 \cdot a = 12 \; (3,2 - a)$$
$$5 \cdot a = 12 \cdot 3,2 - 12 \, a; \qquad 17 \cdot a = 12 \cdot 3,2$$
$$a = \textbf{2,26 m}$$

Wieder deckt sich das Ergebnis mit den vorher errechneten.

Zwei zeichnerische Lösungen:

1. Die schräge Gerade in Bild 82 schneidet auf den Wirkungslinien von A und Q Strecken ab, die diesen Kräften maßstäblich entsprechen, aber **vertauscht.** Dies auf das Krangehänge sinngemäß angewandt, ergibt Bild 83.

Bild: 83

84

85

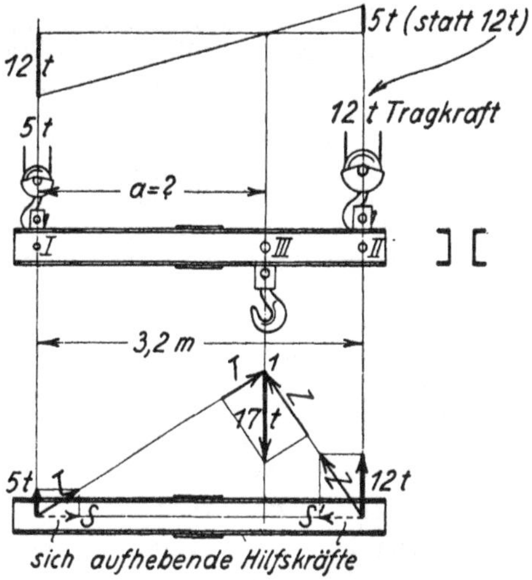

sich aufhebende Hilfskräfte

Zunächst tragen wir auf den durch I und II laufenden Wirkungslinien die Kräfte 5 t und 12 t maßstäblich und vertauscht ab. Dann ziehen wir die sich kreuzenden Verbindungslinien. Ihr Schnittpunkt liefert den gesuchten Drehpunkt *III*.

Trägt man die Kräfte von 5 t und 12 t versehentlich nicht vertauscht ab, so fällt Punkt *III* in die Nähe von *I*. Daß dies falsch ist, sagt uns schon unser Gefühl.

2. Den Balken greifen parallele Kräfte an. Deren Wirkungslinien können wir nicht zum Schnitt bringen. Aus parallelen Kräften läßt sich also kein Parallelogramm bilden.

Darum fügen wir wie in Bild 85 zwei beliebige **Hilfskräfte** *S* und *S'* so hinzu, daß sie sich aufheben. Wir machen sie also gleich groß, geben ihnen eine entgegengesetzte → Richtung ← und eine gemeinsame Wirkungslinie. Solche Kräfte stören das Gleichgewicht nicht.

Aus dem linken und rechten Parallelogramm ergeben sich die Kräfte *T* und *Z*. Deren Wirkungslinien sind nicht parallel. Also schneiden sie sich, und zwar in 1. Durch diesen Punkt muß die Wirkungslinie der 17 t starken Kraft laufen. Sie hält den Kräften *T* und *Z* das Gleichgewicht und folglich auch den parallelen, 5 t und 12 t starken Kräften. Damit ist der Drehpunkt *III* gefunden, oder die **Lage** der Gegenkraft ↓ zu parallelen ↑ ↑ Kräften.

Man setze die Hilfskräfte in anderer Richtung (← →) und Größe ein und wiederhole das Verfahren. Es führt zum gleichen Ergebnis.

Die Hilfskräfte sind sehr verwandt mit den Kräften *D* in Bild 19. Dem dortigen Punkt *I* entspricht Punkt 1 in Bild 85.

f) Stanzwerkzeug.

Bild 86. Der Druck der Maschine ↓ ist gleich der Summe der Kräfte gegen die 3 Lochstempel ↑, also gleich 16 400 kg. Insgesamt greifen 4 Kräfte das Werkzeug an.

Beisp. 14. a) Dem Einspannzapfen muß man eine solche Lage geben (solche Abstände s_i

und s_{II} in der Draufsicht), daß der Führungs-
schlitten des Werkzeuges nicht eckt und klemmt,
daß sich also alle Momente aufheben.

Wir berechnen s_I und s_{II}, indem wir uns das
Werkzeug drehbar denken, wie in Bild 88 und 89
angedeutet. Also gilt für Achse I (Bild 86 Vorder-
ansicht)

links drehendes Moment = rechts drehenden Momenten

$$16400 \cdot s_I = 6400 \cdot 210 + 5200 \cdot 140 + 4800 \cdot 80$$

Hieraus ergibt sich $s_I = 149{,}4$ mm.

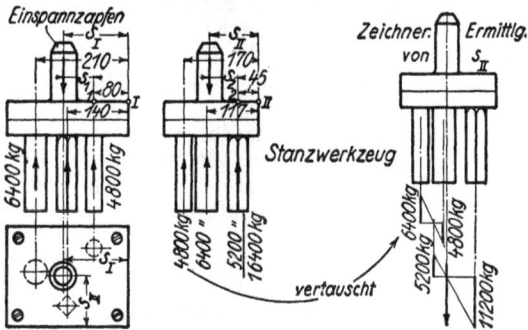

Bild: 86   87

Es muß aber außerdem bezüglich der Achse II
(Bild 86 Seitenansicht) $\Sigma M = 0$ sein. Also

$$16400 \cdot s_{II} = 4800 \cdot 170 + 6400 \cdot 117 + 5200 \cdot 45$$
$$s_{II} = 109{,}6 \text{ mm.}$$

Jetzt läßt sich mittels
der berechneten Abstände s_I
und s_{II} (siehe Draufsicht) die
Lage des Einspannzapfens
anreißen. Er sitzt nicht in
der Mitte der Platte, sondern
so, daß kein Überschuß
an Drehmoment entsteht.

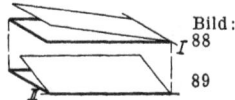

Bild: 88   89

Drehachsen zur Berechg.
von s_I und s_{II} (Bild 86)

b) Der Geübte hätte die Drehachse in irgend-
eine Wirkungslinie gelegt, damit das Moment

der zugehörigen Kraft gleich Null und dadurch
die Rechnung vereinfacht wird. Auf jede beliebige
Achse bezogen muß $\Sigma M = 0$ sein, also auch für
Achse 1 und 2.

$$16\,400 \cdot s_1 = 6400 \cdot (210 - 80) + 5200\,(140 - 80)$$
$$s_1 = 69{,}4 \text{ mm}$$
$$16\,400 \cdot s_2 = 4800\,(170 - 45) + 6400\,(117 - 45)$$
$$s_2 = 64{,}6 \text{ mm}$$

Probe:
$$s_I = s_1 + 80 = 69{,}4 + 80 = 149{,}4 \text{ mm}$$
$$s_{II} = s_2 + 45 = 64{,}6 + 45 = 109{,}6 \text{ mm}$$

c) Bild 87 zeigt, wie man s_{II} auf zeichnerischem Wege erhält. Zunächst ermitteln wir (entsprechend Bild 83), wo die Mittelkraft der Kräfte
der beiden linken Stempel liegt. Diese Mittelkraft beträgt $4800 + 6400 = 11\,200$ kg.

Dann wiederholen wir das Verfahren, um die
Lage der Mittelkraft zu gewinnen, die besteht
aus der Kraft des rechten Stempels und der
11 200 kg starken Mittelkraft der beiden anderen
Stempel.

Wo jetzt die geneigte Gerade die waagrechte
schneidet, liegt der Punkt, durch den die Mittelachse des Einspannzapfens laufen muß.

2. Hebelverbindung.

a) Nietmaschine.

Bild 90. In den Ankern Z entsteht Zug. Den
Nietdruck P im nächsten Bild 91 erzeugt ein durch
Wasserdruck getriebener Kolben.

Beisp. 15. Berechne die Kraft Z in den Ankern.

Wir denken uns einen der beiden Hebel drehbar
gelagert wie in Bild 91 unten angedeutet. An diesem
Hebel zieht die Kraft Z nach $\rightarrow$. Ihre Gegenkraft
zieht am anderen Hebel nach $\leftarrow$.

$$Z \cdot 2{,}6 = 50 \cdot 9{,}1; \quad Z = 50\,\frac{9{,}1}{2{,}6} = 50 \cdot 3{,}5 = 175 \text{ t.}$$

Aus $\Sigma H = 0$ folgt $D + P = Z$. Hieraus
$$D = \overset{\leftarrow}{Z} - \overset{\leftarrow}{P} = 175 - \overset{\rightarrow}{50} = 125 \text{ t.}$$

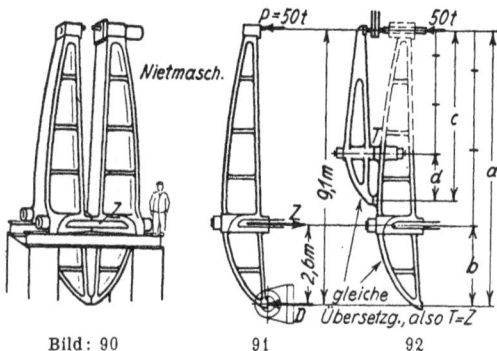

Bild: 90   91   92

Zuweilen ist, wie in Bild 92, noch ein kleiner Hebel vorgesehen. Damit nietet man enge Rohre. Dann ist das gestrichelt gezeichnete Gebiet ungespannt, denn der Nietstempel gleitet darin ungehindert hin und her.

Zufällig ist d in c ebensooft enthalten wie b in a, und zwar **3,5** mal. Die Teilpunkte sind eingezeichnet. Also ist die Kraft im Anker T des kleinen Hebels ebenso stark wie die im Anker Z des großen Hebels. Die Übersetzung beträgt **1 : 3,5.**

b) Bremsgestänge.

Bild 93. Der Kolben wird durch Preßluft bewegt. Da man den Luftdruck in kg/cm² mißt, müssen wir den Inhalt der Kolbenfläche in cm² ausdrücken. Um Kommafehler leichter zu vermeiden, verwandle man vorher den Durchmesser in **cm.** Er beträgt 18 cm.

Also $\dfrac{18^2 \pi}{4} = 255 \text{ cm}^2.$

Kolbenkraft $P = 255 \cdot 5 = 1275$ kg.

Die Gegenkraft von $\overset{\leftarrow}{P}$ ist bestrebt, den Deckel wegzuschleudern $\rightarrow$.

Beisp. 16. Berechne die Kraft in der Stange Z. Sie bewegt die Bremsklötze.

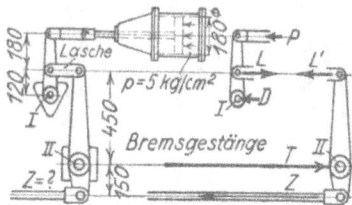

Bild: 93 94

95

a) Bild 94 zeigt den kleinen Hebel gesondert. Die Kolbenkraft P drückt nach ←. Um dieser das Gleichgewicht zu halten, muß die Lasche L nach → ziehen. Die Kraft L ist größer als P, da sie den kleineren Hebelarm hat.

Der Lagerbock drückt mit der Kraft D gegen den Hebel, und zwar nach ←, so daß $D + P = L$. Die Gegenkraft von D will die Schrauben des dreieckigen Lagerbocks nach → abscheren.

Es gilt für

Drehachse I:

$$L \cdot 120 = \overset{P}{\overline{1275}}\,(120 + 180); \quad L = 1275\,\frac{300}{120} = 3180 \text{ kg}$$

$$D = L - P = 3180 - 1275 = 1905 \text{ kg.}$$

b) Die Lasche zieht nicht nur am kleinen Hebel, sondern in umgekehrter Richtung ← ebenso stark auch am großen Hebel. Das zeigt Bild 95.

Um L' das Gleichgewicht zu halten, muß Z nach ← ziehen. Die Stange selbst bewegt sich aber entgegengesetzt nach →.

Der quadratische Lagerbock drückt gegen den Hebel mit der Kraft T nach →, so daß ist $L' + Z = T$. Die Gegenkraft von T will die Schrauben des quadratischen Lagerbocks nach ← abscheren.

Drehachse II:

$$Z \cdot 150 = \overset{L'}{\overline{3180}} \cdot 450; \quad Z = 3180 \cdot 3 = 9540 \text{ kg.}$$

Die Gegenkraft von Z zieht an den Bremsklötzen nach $\rightarrow$.

$$T = L' + Z = 3180 + 9540 = 12\,720 \text{ kg}$$

Die Lagerkraft T ist sehr groß, verglichen mit der Lagerkraft D, denn es ist T gleich der S u m m e von L' und Z, aber D gleich dem U n t e r s c h i e d von L und P.

$$\frac{Z}{P} = \frac{9540}{1275} = 7,5.$$

Also beträgt die Übersetzung des Hebelwerkes 1 : 7,5. Soll die Zugstange Z einen Weg von 1 cm zurücklegen, so muß sich der Kolben um 7,5 cm bewegen.

Dem um I drehbaren Hebel ähnelt der Hebel in Bild 91. Der Lasche L ent- 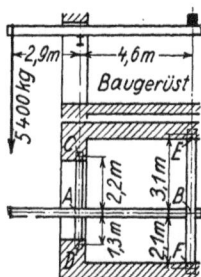 sprechen die Anker Z.

Werkstattzeichnungen enthalten meistens nur Maße zur F e r t i g u n g. Diese sind häufig nicht ohne weiteres als Hebelarme brauchbar. Z. B. beträgt in Bild 93 der Hebelarm der Kolbenkraft P nicht 180, sondern $180 + 120 = 300$ mm.

c) Baugerüst.

Beisp. 17. Berechne für Bild 96 die Stützkräfte A bis F.

Bild 96

I. Bild 97. Der Kran hob den Balken vom I-Stahl ab. Dabei drehte sich der Balken um die Achse B (durch ∘ angedeutet). Also hat die 5400 kg schwere Last einen Hebelarm von 2,9 m $+$ 4,6 m.

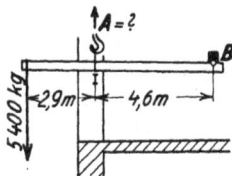
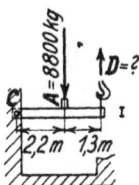
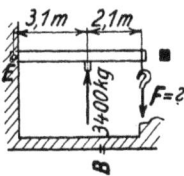

Bild: 97   98   99

rechtsdrehendes Moment = linksdrehendem Moment
$$A \cdot 4{,}6 = 5400 \, (2{,}9 + 4{,}6);$$
$$A = 8800 \text{ kg.}$$

Senken wir den Balken wieder, so trägt statt des Kranes der I-Stahl 8800 kg.

Stützdruck $B \downarrow = A \uparrow - 5400 \downarrow = 8800 - 5400 = 3400$ kg.

II. Bild 98. Um die Stützkraft D zu berechnen, denken wir uns den dortigen Druck der Mauer $\uparrow$ ersetzt durch den Zug eines Kranes. Dann erkennen wir deutlich, wo die Drehachse des I-Stahles liegt, in C.

$$D \, (2{,}2 + 1{,}3) = 8800 \cdot 2{,}2; \quad D = 5530 \text{ kg.}$$

Ferner ist der Stützdruck

$$C \uparrow = 8800 \downarrow - 5530 \uparrow = 3270 \text{ kg.}$$

III. Bild 99. Gegen das rechte Ende des Balkens drückte die Mauer abwärts. Also lassen wir dort auch den Haken abwärts ziehen, um den Stützdruck F zu berechnen.

$$F \, (3{,}1 + 2{,}1) = 3400 \cdot 3{,}1; \quad F = 2030 \text{ kg.}$$

Die linke Mauer trägt

$$E \downarrow = 3400 \uparrow - 2030 \downarrow = 1370 \text{ kg.}$$

IV. Wir hätten die Drehachsen statt in B, C und E auch in A, D und F wählen können. Stelle auch hierfür die Momentengleichungen auf und berechne daraus die dann unbekannten Stützkräfte B, C und E. Diese Ergebnisse müssen sich mit den vorhin ermittelten decken.

d) Kraftwagen.

Bild 100 zeigt die Hinterräder eines Kraftwagens. Der Motor soll nur die linke Achse treiben. Damit deren Räder nicht so leicht gleiten, sorgen wir dafür, daß der Druck A der Fahrbahn gegen die Räder größer ist als B.

Dies bewirkt der dick gezeichnete, um I drehbare Hebel. Seine Übersetzung beträgt $1 : 2$. Der Zug in der Lasche am linken Ende des Hebels ist also doppelt so stark wie in der anderen. Folglich trägt das linke Federwerk doppelt soviel $\downarrow$ wie das rechte. Also ist der Gegendruck $\uparrow A = 2 \, B$.

Das deuten schon die Reifen an. Sie sind verschieden abgeplattet, gleicher Luftdruck (kg/cm²) vorausgesetzt.

Auf unebener Fahrbahn dreht sich der Hebel ein wenig hin und her. Auch dann beträgt der linke Raddruck stets das doppelte des rechten.

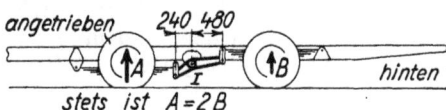

Bild 100

e) Zerreißmaschine.

I. Bild 102. Den Probestab nehmen wir zunächst wieder heraus. Dann schieben wir das Laufgewicht in die gestrichelt gezeichnete **Nullstellung**. Jetzt kann das ganze Hebelwerk ungehemmt schaukeln. Die Kanten der Schneiden *I, II* und *III* stehen still, während die übrigen Schneiden auf und nieder pendeln. Dabei ändert sich die **Übersetzung** nicht, denn die Schneiden jedes Hebels liegen in **einer** Ebene. Das zeigen Bild 103 und 104 deutlicher.

Nun beseitigen wir auch noch das Laufgewicht und Gegengewicht *Q*. Wir sehen, daß wieder die Zunge am linken Ende des Laufgewichtshebels mit der stillstehenden Zunge fluchtet. Also ist das ganze Hebelwerk im Gleichgewicht. Dafür sorgt das große, runde Gegengewicht rechts oben.

Jetzt bringen wir das Laufgewicht wieder in die Nullstellung. Sofort sinkt es. Das Gleichgewicht läßt sich wieder herstellen, indem wir das Gegengewicht *Q* aufhängen.

Beisp. 18. Wie schwer muß es sein?

$$\text{Achse I:} \quad Q \cdot 190 = 5 \cdot 160; \qquad Q = 5\,\frac{160}{190} = 4{,}2 \text{ kg.}$$

In dieser Rechnung brauchten wir die Kraft *Z* nicht zu berücksichtigen, da der um *I* drehbare Hebel schon im Gleichgewicht war, bevor wir das Lauf- und Gegengewicht wieder einsetzten.

II. Die untere Klaue für den Probestab bildet das Ende einer starken, lotrechten Schraubenspindel. Das Muttergewinde sitzt in der. Nabe eines Schneckenrades. Damit zieht ein Motor die Klaue langsam herab. Währenddessen schieben wir das Laufgewicht derart nach links, daß es der Klauenkraft P stets das Gleichgewicht hält.

Deren Wirkungslinie ist von der Schneide *III* nur um 4 mm entfernt. Ein so **kurzer Hebelarm** läßt sich nur verwirklichen, indem man den **Kraftstrom gabelt** (Bild 101) mittels der Schnallen 1 und 2.

Wie lang die Strecken a und b sind (Bild 102), ob verschieden oder gleich, ist **ohne Einfluß.** Es

Bild: 101

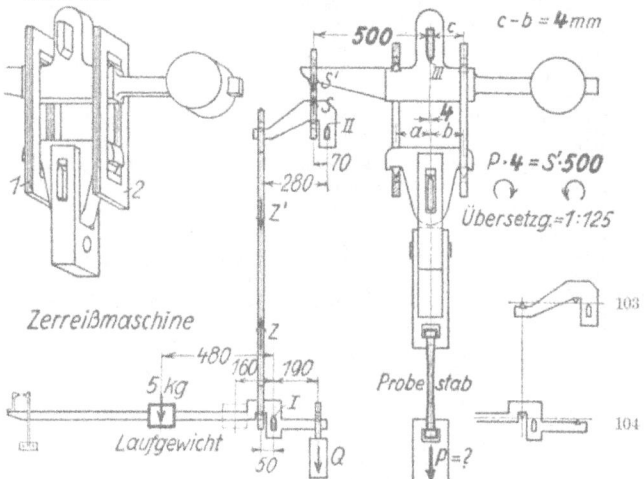

102

kommt nur auf $c - b$ an. Diese **Differenz** beträgt in unserem Beispiel nur 4 mm. Sie hätte noch kleiner gemacht werden können. Der um *III* drehbare Teil wird Differentialhebel genannt.

Beisp. 19. Berechne P für die dick gezeichnete Stellung des Laufgewichtes.

Am zugehörigen Hebel zieht Z nach ↑. Die Gegenkraft Z' zieht am Hebel *II* nach ↓.

Achse I: $Z \cdot 50 + \overset{Q}{4,2} \cdot 190 = 5 \cdot 480$; $Z = \quad 32$ kg

» II: $S \cdot 70 = \overset{Z'}{32} \cdot 280$; $\qquad S = 128$ kg

Nun denken wir uns die Schnallen 1 und 2 beseitigt und lassen P unmittelbar am Hebelarm von 4 mm ziehen.

Achse III: $P \cdot 4 = \overset{S'}{128} \cdot 500$; $\qquad P = 16\,000$ kg

Das nur **5** kg schwere Laufgewicht hält der **16000** kg starken Klauenkraft das Gleichgewicht. Die Gesamtübersetzung der Waage beträgt

$$5\,\text{kg} : 16\,000\,\text{kg} = 1 : 3200.$$

Steht die untere Klaue still, und sinkt das Laufgewicht um 3,2 mm, so steigt die obere Klaue (dehnt sich der Probestab) um $\frac{1}{1000}$ mm. Dies könnten wir auch so nachprüfen:

Arbeit der Kraft = Arbeit der Last

$$5\,\text{kg} \cdot 3,2\,\text{mm} = 16\,000\,\text{kg} \cdot \frac{1}{1000}\,\text{mm}$$

$$16\,\text{kgmm} = 16\,\text{kgmm}.$$

Beisp. 20. In welchem Abstand x von der Schneide I muß das Laufgewicht stehen, wenn $P = 40\,000$ kg sein soll?

Jetzt ist der Gang der Rechnung umgekehrt.

Achse III: $S' \cdot 500 = 40\,000 \cdot 4$; $\qquad S' = 320$ kg

» II: $Z' \cdot 280 = \overset{S'}{320} \cdot 70$; $\qquad Z' = \quad 80$ kg

» I: $5\,x = \overset{Z}{80} \cdot 50 + \overset{Q}{4,2} \cdot 190$; $\qquad x = 960$ mm

In dieser Stellung des Laufgewichtes beträgt die Gesamtübersetzung sogar

$$5\,\text{kg} : 40\,000\,\text{kg} = 1 : 8000.$$

3. Schwerpunkt.

Beisp. 21. A. Auf den Körper in Bild 105 wirken 2 Kräfte, nämlich die Kraft des Kranseiles ↑ und die im Schwerpunkt × angreifende Anziehungskraft ↓ der Erde. Diese Kräfte sind gleich.

Sie können sich nur aufheben, wenn sie in einer
gemeinsamen Wirkungslinie liegen, wie Kraft
und Gegenkraft.

Also neigt sich der Körper von selbst so weit,
daß schließlich der Schwerpunkt in der verlänger-
ten Wirkungslinie der Seilkraft liegt. Nur in
dieser Stellung herrscht Gleichgewicht. Am Kranhaken ziehen 1860 kg nach ↓ , wie Bild 105 rechts
zeigt.

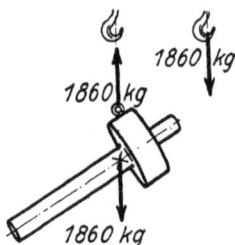 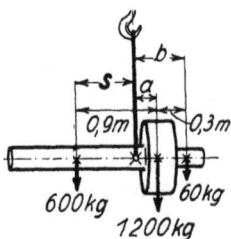

Bild: 105   106

B. In Bild 106 greift das Kranseil im Gesamtschwerpunkt an. Um diesen kann also der Körper
pendeln wie ein Waagebalken. Er bleibt jetzt in
jeder Neigung stehen. Die Teilschwerpunkte
liegen in der Mitte jeder Walze.

Das Drehmoment der linken Walze hebt die
Momente der beiden anderen auf.

C. Hieraus läßt sich die (zunächst geschätzte)
Lage des Gesamtschwerpunktes berechnen, z. B.
der Abstand s.

linksdrehendes Moment = rechtsdrehenden Momenten

$$600 \cdot s = 1200 \, a + 60 \cdot b$$
$$600 \cdot s = 1200 \, (0{,}9 - s) + 60 \, (0{,}9 - s + 0{,}3)$$
$$600 \cdot s = 1080 - 1200 \, s + 72 - 60 \, s$$
$$600 \cdot s + 1200 \, s + 60 \, s = 1080 + 72$$
$$1860 \, s = 1152$$
$$s = \frac{1152}{1860} = 0{,}62 \text{ m}.$$

Damit fanden wir die **Lage** der Gegenkraft ↑ zu 3 parallelen ↓ ↓ ↓ Kräften. Ebenso hätten wir auch die Lage
des Einspannzapfens auf Seite 39 ermitteln können.
Prüfe das nach.

VII. Kräftepaare.

1. Ein Produkt als Maß.

I. In Bild 107 herrscht Gleichgewicht, da P und
P' in derselben Wirkungslinie liegen, gleich groß
und entgegengesetzt gerichtet sind.

II. Im nächsten Bilde
wirken die Kräfte nicht
in einer gemeinsamen
Geraden, sondern in **parallel verschobenen.** Deshalb können diese Kräfte
die Welle **drehen.** Ein
Drehmoment entsteht
also nicht durch **eine**
Kraft, sondern durch ein
Kräfte p a a r. Verschwin-
det P', zerreißt z. B. der
Draht, an dem die Faust
zieht, so gibt das Gelenk
nach. Der Wellenstumpf klappt herunter. Schlüssel
und Last fallen ab.

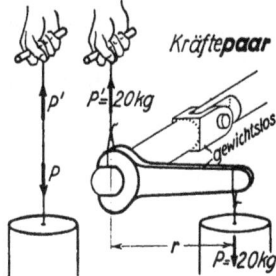

Bild: 107   108
Einzelkräfte

III. Meistens ist die Welle nicht durch ein Gelenk
unterbrochen. Das zeigt Bild 109. Dann kann auch der

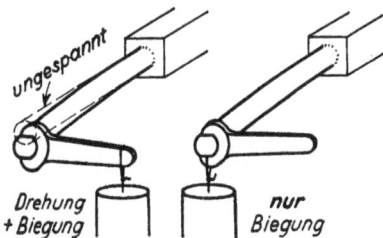
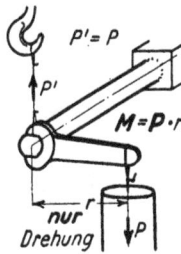

Bild: 109   110   111

Zug der Faust fehlen. Die federnde Welle will sich aufrichten. Sie drückt gegen das Maul des Schlüssels ↑ und erzeugt so die Gegenkraft P'. Deren Gegenkraft belastet ↓ das Ende der Welle, wie Bild 110 zeigt.

Wollen wir diese B i e g e s p a n n u n g ausschalten, so muß der Haken in Bild 111 ebenso stark ziehen ↑, wie P schwer ↓ ist. Dann wird die Welle nur noch durch D r e h u n g gespannt.

IV. Das Drehvermögen eines Kräftepaares ist um so größer, je stärker die Kräfte sind und je größer ihr Abstand r oder je größer das **Produkt** $P \cdot r$ ist. Hierfür darf man auch $P' \cdot r$ setzen, da $P' = P$.

Die Wirkungslinie der Gegenkraft P' geht durch die Drehachse. Also ist ihr Hebelarm gleich Null. Folglich kann P' k e i n M o m e n t erzeugen, sondern nur P. Also ist einfach $M = P \cdot r$.

Deshalb durften wir in Bild 38 zunächst übersehen, daß eigentlich jedes Drehmoment auf einem Kräftepaar beruht.

Kräfte mißt man in **kg**, **Kräftepaare** in **kgm** oder kgcm. Verkleinern wir r, bis schließlich die Wirkungslinien der Kraft und ihrer Gegenkraft zusammenfallen, so hört ihre drehende Wirkung auf. Dann spricht man nicht mehr von einem Kräftepaar, sondern nur von Kräften.

2. Anwendung.

a) Winkelhebel.

Beisp. 22. Um die Kraft D in Bild 112 zu ermitteln, bringen wir sie mit P zum Schnitt (Bild 113).

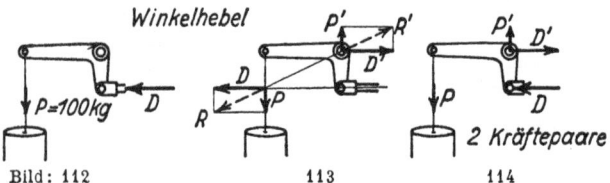

Bild: 112   113   114

Durch diesen Schnittpunkt und die Drehachse des
Hebels muß die Wirkungslinie der Lagerkraft
laufen (wie in Bild 44).

Da P gegeben ist, läßt sich das linke Parallelogramm in Bild 113 zeichnen.

R' (die Gegenkraft von R) wurde in eine lotrechte und waagrechte Kraft zerlegt. Beseitigen
wir die sich aufhebenden Mittelkräfte R und R',
so entsteht Bild 114.

Dort ist P' ebenso groß, aber umgekehrt gerichtet wie P. Ferner sind die Wirkungslinien
dieser Kräfte parallel. Also ist $P'\uparrow$ die verschobene
Gegenkraft von $P\downarrow$. Ebenso erkennen wir in $D'\rightarrow$
die parallel verschobene Gegenkraft von $D\leftarrow$. Also
sind **zwei** Kräftepaare mit entgegengesetztem
Drehsinn wirkend. Sie heben sich auf.

Kräftepaar $=$ **Gegenkräftepaar**

oder

Moment $=$ **Gegenmoment.**

Bild 64. Die Stützkraft $R\uparrow$ setzt sich zusammen aus den Gegenkräften von $P\downarrow$ und $Q\downarrow$,
also aus $P'\uparrow$ und $Q'\uparrow$. Auch diesen Hebel greifen
zwei Kräftepaare an, nämlich das linksdrehende
$P\downarrow$ $P'\uparrow$ und das rechtsdrehende $Q'\uparrow$ $Q\downarrow$. Sie
heben sich auf.

Zeichne in Bild 65 auf der Wirkungslinie von R die
Gegenkräfte $P'\uparrow$ und $Q'\uparrow$ ein.

b) Lagerbock.

Beisp. 23. Damit man das Kräftespiel an dem
(gewichtslos gedachten) Lagerbock in Bild 116 deutlich erkennt, wurde er ein wenig von der Mauer
abgerückt. In Bild 115 schwebt er im Raum. Man
sieht, daß den Körper zwei waagrechte und zwei
lotrechte Kräfte angreifen.

Die Gegenkraft von S **zieht** an der Schraube $\leftarrow$,
die Gegenkraft von Q' **verbiegt** $\downarrow$ sie.

Nicht nur die Kräfte in den waagrechten
Drähten, sondern auch die in den lotrechten sind

4*

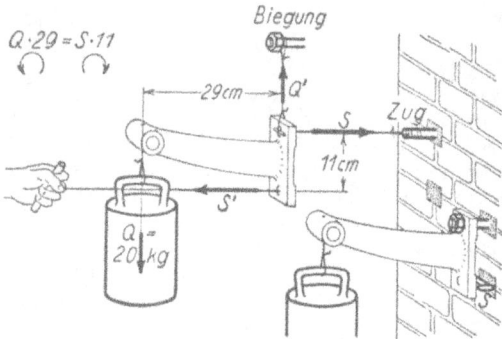

Bild: 115   116

entgegengesetzt gerichtet und gleich stark,
da $\Sigma V = 0$ und $\Sigma H = 0$. Also sind wieder
zwei Kräftepaare wirksam.

Das lotrechte Kräftepaar beträgt

$$Q \cdot 29 = 20\ \text{kg} \cdot 29\ \text{cm} = 580\ \text{kgcm}.$$

Es wird aufgehoben durch das Kräftepaar $S \cdot 11$,
da $\Sigma M = 0$.

Also

$$S \cdot 11 = 580;\quad S = \frac{580}{11} = 52{,}6\ \text{kg}.$$

Die Schraube in Bild 116 wird durch 52,6 kg
gezogen ← und gleichzeitig durch 20 kg gebogen
↓. Die Stütze S erleidet ebensoviel Druck wie die
Schraube Zug.

Der Lagerbock wirkt wie ein Winkelhebel.

c) Lademulde.

Die Mulde in Bild 117 füllt den Ofen eines Gas-
werkes. Winden wir die Kette auf, so rollt die Mulde
hoch. Mit Kohle gefüllt wiegt sie 700 kg. Das ×
deutet den Schwerpunkt der beladenen Mulde an.

Beisp. 24. Bild 118 zeigt die Kräfte, die die
Vorrichtung angreifen. Die Gegenkräfte von D
und D' verbiegen die Säule, und zwar so).

Bild: 117 (Maße in cm)

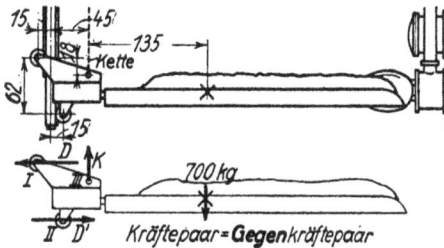

Kräftepaar = **Gegen**kräftepaar

118

Da die Räder auf lotrechten Schienen laufen, liegt die Wirkungslinie des Raddruckes waagrecht. Berechne den Raddruck.

Aus $\Sigma V = 0$ folgt $K = 700$ kg (Zug der Kette),
» $\Sigma H = 0$ » $D = D'$.

Es sind also zwei Kräftepaare wirksam. Da $\Sigma M = 0$, ist

$$D \cdot 62 = 700 \cdot 135; \qquad D = 700 \frac{135}{62} = 1525 \text{ kg.}$$

Dasselbe Ergebnis liefern auch folgende Gleichungen:

Achse I:
$$D' \cdot 62 + 700 \cdot (15 + 45) = 700 (15 + 45 + 135)$$

Achse II:
$$D \cdot 62 + 700 \ (45 - 15) = 700 (135 + 45 - 15)$$

Achse III:
$$D \cdot 18 + D' \ (62 - 18) = 700 \cdot 135.$$

Da D' so groß wie D ist, gilt auch
$$D \cdot 18 + D \ (62 - 18) = 700 \cdot 135$$
$$D \cdot 18 + D \cdot 62 - D \cdot 18 = 700 \cdot 135$$
$$D \cdot 62 = 700 \cdot 135.$$

Jede dieser für 3 verschiedene Achsen gültigen Momentengleichungen liefert dasselbe Ergebnis $D = 1525$ kg.

d) Biegefestigkeit.

Bild 121. In den oberen Fasern des Balkens herrscht Zug, in den unteren Druck. Wo die Zugzone in die

Druckzone übergeht, liegt die spannungslose **Null-schicht**. Je weiter die Fasern hiervon entfernt sind, desto straffer werden sie gespannt. Man könnte den Balken an der Mauer absägen und wie in Bild 122 wieder ins Gleichgewicht bringen.

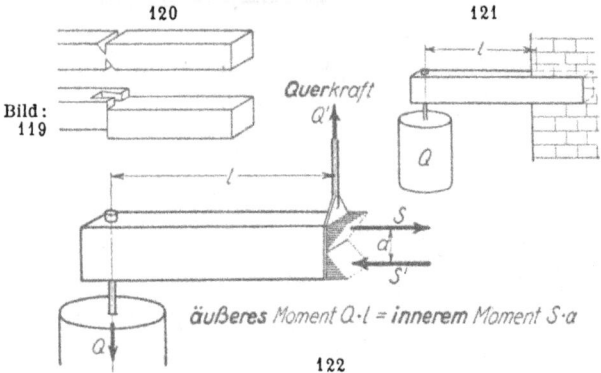

Bild: 119

120

121

Querkraft Q′

Q

l

S

a

S′

äußeres Moment Q·l = *innerem* Moment S·a

Q

122

I. Gegen die Schnittfläche wurde eine dünne Blechplatte genagelt. Die Nägel sollen einige der vielen Fasern andeuten. Je weiter sie herausragen, desto stärker wurden die entsprechenden Fasern beansprucht.

Die Kräfte in dem gezogenen und gedrückten Faserbündel fassen wir zu **einer** Zug- und **einer** Druckkraft zusammen. Sie sind mit S und S' bezeichnet. Da $\Sigma H = 0$, muß $S' = S$ sein, auch wenn die Zug- und Druckzone verschiedene Gestalt haben wie in einer Eisenbahnschiene. Aus $\Sigma V = 0$ folgt $Q' = Q$. Am Balkenabschnitt wirken also zwei entgegengesetzte Kräftepaare.

Das Blech könnte die Nägel **abscheren**. Q' greift die Fasern **quer** an. Darum bezeichnet man diese Kraft als **Querkraft**.

II. Da $\Sigma M = 0$, gilt

$$\text{Kräftepaar} = \text{Gegenkräftepaar}$$
$$\text{oder Moment} = \text{Gegenmoment}$$
$$Q \cdot l = S \cdot a$$

Man nennt $Q \cdot l$ das **Biegemoment.** Ebenso groß wie dies äußere Moment ist das Gegenmoment der inneren Faserkräfte.

Bild 119. Die schwalbenschwanzförmige Verbindung kann wohl einem Biegemoment widerstehen, aber einer Querkraft nur, wenn viel Reibung vorhanden ist. Sonst gleitet das angefügte Stück hinab.

Wo der Balken in Bild 120 eingekerbt ist, hält er noch einer beträchtlichen Querkraft stand, aber nur einem sehr geringen Biegemoment.

Der Balken in Bild 121 muß gleichzeitig einem Biegemoment und einer Querkraft widerstehen.

III. Lehrreich ist es, die Bilder 122 und 118 miteinander zu vergleichen. Der Querkraft Q' entspricht die Kraft K in der Kette. Den Faserkräften S und S' ähneln die Rollendrucke D und D'. Beide Beispiele stimmen also im wesentlichen überein.

Aber die den Kräften ausgesetzten Körper erfüllen einen ganz verschiedenen Zweck und sind sehr ungleich gestaltet.

e) Spannwerk.

Beisp. 25. Bild 123 zeigt einen Drahtspanner für die Stellwerke der Eisenbahnen. Berechne die Zugkraft im Draht. Die Rollen sind leicht drehbar. Also ist der Draht überall gleich straff gespannt.

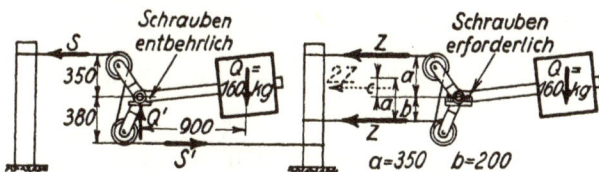

Bild: 123   124

Das linke Ende zieht am Pfahl nach →. Das andere Ende zieht am anderen Pfahl nach ←.

Da $S = S'$, ist in waagrechter Richtung kein
Kraftüberschuß vorhanden. Also brauchen wir
den Lagerbock nicht festzuschrauben.

S und S' bilden ein Kräftepaar und halten dem
Kräftepaar $160 \cdot 900$ das Gleichgewicht. Also
$S (350 + 380) = 160 \cdot 900$; hieraus $S = 197$ kg.
Bild 125. Die Wirkungslinien der Seilkräfte schneiden sich (Bild 126) in 1. Durch diesen Punkt und die
Drehachse läuft die Kraft, die den Rollenzapfen belastet. Bild 127.

Die Größe des Rollendruckes liefert die Diagonale
in Bild 128. Die Gegenkraft von D will das Spannwerk
links herum drehen.

Beisp. 26. Das gleiche Spannwerk wird in
Bild 124 anders benutzt. Da dort die beiden Kräfte
Z gleichgerichtet sind, lassen sie sich durch eine
einzige Kraft $2 Z$ ersetzen (punktiert angedeutet).
Diese halbiert den Abstand c. Da $c = a - b$, hat
die Ersatzkraft $2 Z$ einen Hebelarm von $\dfrac{a - b}{2}$.

Also $2 Z \cdot \dfrac{a - b}{2} = 160 \cdot 900$ oder $Z (a - b) = 160 \cdot 900$.

Also
$$Z = 160 \frac{900}{a - b} = 160 \frac{900}{350 - 200} = 160 \cdot 6 = 960 \text{ kg}.$$

Je kleiner die **Differenz** $a - b$, desto größer die
Übersetzung. Dies Spannwerk wirkt also ähnlich
wie der Differentialhebel einer Zerreißmaschine
(S. 46).

Jetzt muß der Lagerbock festgeschraubt werden. Eine Kraft von $2 \cdot 960$ kg ist bestrebt, ihn
nach ← zu schieben.

Ein und dasselbe Spannwerk erzeugt also im Draht
sehr verschiedene Kräfte.

Bild: 125 126 127 128

Vergleiche Bild 123
und 118 miteinander.
Dem Lagerdruck Q' ↑
entspricht die Ketten-
kraft K ↑. Den Kräf-
ten S ← und S' → im

Draht ähneln die Raddrucke $D \leftarrow$ und $D' \rightarrow$. Also auch diese, äußerlich ganz verschiedenen Vorrichtungen stimmen im wesentlichen überein. Vergleiche ferner Bild 123 mit Bild 122.

f) Eigenart eines Kräftepaares.

I. In Bild 129 ist ein Kräfte p a a r wirksam. Der Schlüssel überträgt dadurch auf die Welle ein Drehmoment M. Dies ist gleich dem Moment der Kraft $P \downarrow$, vermindert um das kleinere Moment der Gegenkraft $P' \uparrow$. Also

$$M = P \cdot (a + b) - P' \cdot b = P \cdot a + P \cdot b - P' \cdot b.$$

Da P' so groß wie P ist, gilt

$$M = P \cdot a + P \cdot b - P \cdot b.$$

Die Glieder mit dem Faktor b heben sich auf. Also fällt der Abstand b heraus. Folglich ist das Moment eines Kräftepaares u n a b h ä n g i g v o n seiner Lage. Stets ist einfach

$$M = P \cdot a.$$

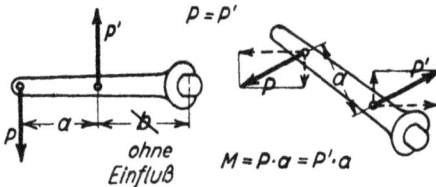

Bild: 129   130

Ein und dasselbe Kräftepaar erzeugt in beliebiger Lage ein gleich großes Drehmoment.

II. Schwenken und verschieben wir dieses Kräftepaar (Bild 130), ohne den Abstand a zu ändern, so ändert sich wieder das Drehmoment nicht. P und P' wurden in lotrechte und waagrechte Seitenkräfte zerlegt. Diese heben sich auf.

Ein Kräftepaar erfüllt also ohne weiteres die Gleichgewichtsbedingungen $\Sigma H = 0$ und $\Sigma V = 0$. Es kann **nicht schiebend, sondern nur drehend**

wirken. Ein Kräftepaar übt in jeder beliebigen
Neigung und in jeder beliebigen Entfernung
von der Wellenmitte das gleiche Drehmoment aus.
Die Drehachse kann auch irgendwo zwischen P
und P' liegen (wie beim doppelarmigen Schlüssel).

III. Dagegen ist eine Einzelkraft an eine fest-
liegende Wirkungslinie gebunden. Nur in dieser
darf man sie verschieben, soll ihre Wirkung sich
nicht ändern.

g) Bremsflügel.

I. Bild 131. Der Motor ruht auf Drehbank-
spitzen. Die Drehrichtung ist durch einen Pfeil
angedeutet. Er läuft also **rechts** herum.

Gegen die Schaufeln drücken die Windkräfte
W und W'. Sie sind gleich groß, entgegengesetzt
gerichtet und liegen in parallelen Wirkungslinien.
Also bilden sie ein Kräftepaar. Dessen **Drehsinn**
ist dem des Motors entgegengesetzt.

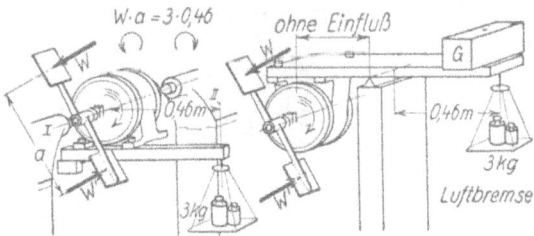

Bild 131   132

Jetzt schalten wir den Strom aus und binden
die Bremsflügel am Gehäuse des Motors fest. Aus
zwei Schläuchen lassen wir Preßluft gegen die Brems-
flächen strömen. Dadurch ahmen wir die Windkräfte W und W' nach. Sie entwickeln ein negatives Drehmoment $W \cdot a$. Das positive Gegen-,
moment erzeugen die Gewichte auf der Waagschale. Also herrscht Gleichgewicht.

Die Windkräfte W und W' entstehen von selbst, wenn die Flügel **rechts** herum laufen. Der belastete Waagebalken will sich auch rechts herum drehen. Um ihn in der Schwebe zu halten, muß der Motor merkwürdigerweise **ebenfalls rechts** herum laufen.

Die Gewichte auf der Waagschale erzeugen ein Drehmoment von 3 kg · 0,46 m = 1,38 kgm. Ebenso groß ist das Moment der Windkräfte und folglich auch das des Motors.

Die Strecke 0,46 m bedeutet den kürzesten Abstand der sich unter 90° kreuzenden Geraden I und II.

II. Da die Spitzen bald verschleißen und heiß-laufen, ist die Anordnung im nächsten Bild zweck-mäßiger. Steht der Motor noch still und liegt noch nichts auf der Waagschale, so herrscht Gleich-gewicht. Dafür sorgt das Gegengewicht G.

Nun lassen wir den Motor wieder rechts herum laufen. Das Moment der bremsenden Windkräfte W und W' heben wir auf, indem wir wieder die Waagschale belasten. Mißt man noch die Umlauf-zahl, so läßt sich die Pferdeleistung berechnen[1]).

Der **Abstand** zwischen der **Wellenmitte** und der hierzu parallelen **Schneidenkante** ist **ohne Einfluß** wie in Bild 129 das Maß b.

Hätten wir den Motor nicht unter, sondern auf dem Brett befestigt, so läge der Gesamtschwerpunkt von Motor und Gegengewicht G weit über der Schneide. Darum würde das Ganze nicht sicher schweben, sondern umkippen.

In Bild 132 liegt der Gesamtschwerpunkt etwas unter der Schneide. Deshalb pendelt der Balken immer wieder in die Ausgangsstellung zurück.

III. Bild 133. Als der Motor noch stillstand, wurde die Waage mittels des großen Gewichtes ins Gleichgewicht gebracht. Die Laufrichtung des Motors ist eingezeichnet. Die Windkräfte wollen ihn entgegengesetzt drehen. Sie vergrößern den Druck der linken Schneide und verringern den

---

[1]) Näheres Teil I, Bewegungslehre.

der rechten, und zwar um den gleichen Betrag.
So macht sich das Gegenkräftepaar bemerkbar.

Die Waage kam durch 2 kg wieder ins Gleichgewicht. Also erzeugt der Motor ein Drehmoment
von $2 \cdot 1,7 = 3,4$ kgm.

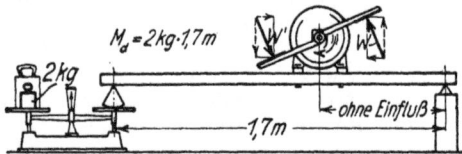

Bild 133. Grundform eines Prüfstandes für Flugmotoren.

Wieder ist der Abstand der Wellenmitte von
den Schneiden ohne Einfluß aus dem bereits
erläuterten Grunde.

W und W' wurden in lotrechte und waagrechte
Seitenkräfte zerlegt. Diese heben sich auch in
jeder anderen Stellung der Bremsflügel auf. Da
also nie ein Kraftüberschuß entsteht, verbiegt
der Winddruck die Welle nicht, sondern verdreht
sie nur.

Treibt der Motor aber ein Zahnrad, so wird die
Welle nicht nur durch **Drehung** gespannt, sondern
außerdem durch **Biegung** (wie in Bild 109).

VIII. Nicht parallele Kräfte.

1. Einfache Hebel.

a) Rollendruck.

Beisp. 27. Gegen eine leicht drehbare Rolle wie
die an dem Hebel in Bild 134 kann eine Kraft nur
drücken, wenn ihre Wirkungslinie **senkrecht zum
Umfang** der Rolle steht, also durch den Mittelpunkt läuft.

Die Scheibenkurbel (das Exzenter) drückt gegen
die Rolle, umgekehrt die Rolle gegen die Scheibe.

Die Wirkungslinie dieser Kraft muß senkrecht
zum Umfang der Scheibe stehen, also durch
deren Mittelpunkt gehen.

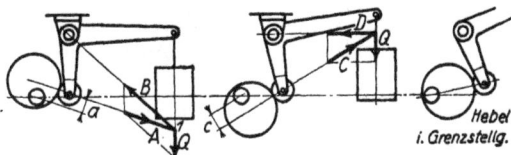

Bild: 134   135   136

Die Kurbel hebt also das Gewicht durch eine
Kraft A, die durch den Mittelpunkt der Scheibe
und der Rolle läuft. Die Wirkungslinie von A
schneidet diejenige der Last Q in einem Punkt 1,
durch den auch die Wirkungslinie der Lagerkraft B
läuft. Um das Kräfteparallelogramm zu zeichnen,
tragen wir zunächst Q maßstäblich auf.

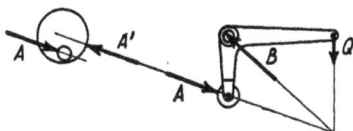

Bild: 137   138

Verschieben wir die Kräfte bis zu ihren Angriffspunkten, so entsteht Bild 138. Die Gegenkraft von A
(in Bild 137 mit A' bezeichnet) drückt gegen die
Scheibe und erzeugt an der Welle wiederum eine
Gegenkraft ($= A$), so daß ein negatives Kräftepaar
entsteht. Dessen positives Gegenkräftepaar ($A \cdot a$
in Bild 134, vom Motor ausgeübt) dreht die Kurbel
rechts herum.

Mit der Stellung des Hebels ändern sich auch
die Kräfte: Bild 135. Dort muß die Kurbel ein
negatives Moment $C \cdot c$ erzeugen, um die Last
zu heben.

In Bild 136 geht die Wirkungslinie des Rollendruckes nicht nur durch die Mitte der Scheibe,
sondern auch durch die Drehachse der Welle. Jetzt

braucht die Kurbel kein Drehmoment auszuüben.
Die Last hat die obere Grenzstellung erreicht.

b) Nietmaschine.

Bild 139. Der Kolben wird durch Preßluft bewegt. Der Druck des Nietstempels soll 5,6 t
= 5600 kg betragen.

Beisp. 28. Berechne den erforderlichen Luftdruck p in kg/cm².

Achse I: $P \cdot 390 = Q \cdot 135$; $P = \overset{Q}{5600}\dfrac{135}{390} = 1940$ kg.

Kolbenfläche $F = \dfrac{25,4^2\,\pi}{4} = 507$ cm². Aus $F \cdot p = P$
folgt

$$p = \frac{P}{F} = \frac{1940}{507} = 3{,}8 \text{ kg/cm}^2.$$

Nachdem wir P berechnet haben, läßt sich das
linke Kräfteparallelogramm zeichnen. Es liefert uns
nicht nur den Druck der
Lasche D, sondern auch
die Kraft, die am Bolzen I
zieht. Die Gegenkraft von
P drückt abwärts auf das
Luftpolster.

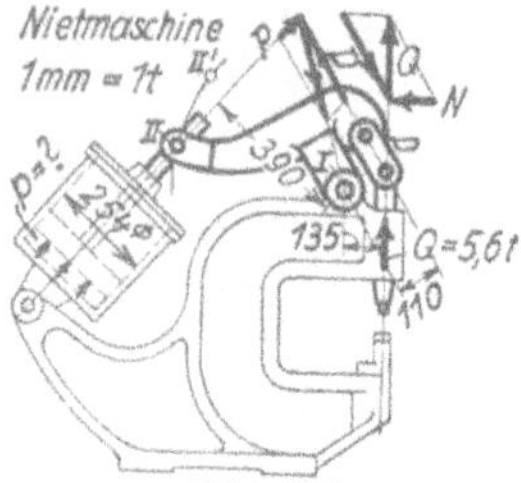

Nietmaschine
1mm = 1t

Der Druck D folgt auch
aus der Momentengleichung

$$D \cdot 110 = \overset{P}{1940} \cdot 390.$$

Bild 139

Die Lasche D drückt schräg auf den Nietstempel. Also eckt und klemmt er. Um dies zu
verhindern, müßte gegen den unteren Bolzen der
Lasche eine Kraft ← drücken, die wir N nennen
wollen.

Das rechte Kräfteparallelogramm hätten wir
auch zuerst zeichnen können, da Q gegeben ist.
Daraus erhalten wir D ebenso groß (allerdings
umgekehrt gerichtet) wie aus dem linken Parallelogramm.

Zeichnerisch finden wir P so: Wir gehen vom rechten Parallelogramm aus und gewinnen daraus die Laschenkraft D. Mit dieser beginnen wir dann das linke Parallelogramm. Hieraus messen wir P ab.

Bewegt die Preßluft den Kolben, so liegt schließlich die Wirkungslinie von D lotrecht und der Punkt II in II'. Dann ist der Hebelarm der Kolbenkraft von 390 mm auf 450 mm angewachsen.

Beisp. 29. Berechne für diese Stellung den Nietdruck Q.

$$Q \cdot 135 = P \cdot 450; \qquad Q = \overbrace{1940}^{P} \frac{450}{135} = 6460 \text{ kg.}$$

c) Wandkran.

Bild 140. Last und Windwerk wiegen insgesamt 1000 kg. Das Eigengewicht des Kranes beträgt 600 kg. Diese Kraft geht durch den Schwerpunkt. Beide Kräfte ersetzen wir durch ihre 1600 kg starke **Mittelkraft**. Deren Wirkungslinie wurde in Bild 140 oben auf zeichnerischem Wege gefunden.

Das obere Lager zieht am Kran nach → mit der Kraft Z. Das untere drückt gegen den Zapfen in seiner Längsrichtung ↑ und quer ← dazu. Dies Lager ist also **Längslager** und **Querlager** zugleich. Den oberen Zapfen hält ein Lager, das nur als Querlager wirkt, denn dessen Zapfen gleitet abwärts heraus, wenn der Erdboden nachgibt und damit auch das untere Lager. Darum zieht Z **senkrecht zur Drehachse.**

Kräfte treten paarweise auf. Also zieht das obere Lager nicht nur am Mauerwerk nach ←, sondern auch am Kran nach →. Das untere Lager drückt gegen den Sockel nach ↓ und →, aber auch gegen den Kran nach ↑ und ←.

Beisp. 30. Gibt die Kraft Z in Bild 140 etwas nach, so wippt der Kran um die Mitte I des unteren Zapfens. Berechne hieraus Z.

$$Z \cdot 3,8 = 1600 \cdot 3,4; \qquad Z = 1600 \frac{3,4}{3,8} = 1430 \text{ kg.}$$

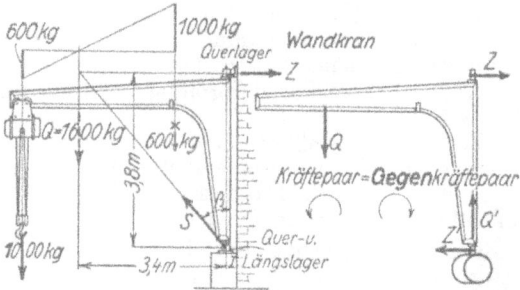

Bild: 140   141

Bild 141. Die Walze drückt gegen den Kran mit
der Kraft $Q' \uparrow$.

☞Aus $\Sigma V = 0$ folgt $Q' = Q$. Da auch $\Sigma H = 0$,
ist $Z' = Z$. Also sind zwei Kräftepaare wirksam. Sie heben sich auf, da $\Sigma M = 0$. Wäre Z'
nicht vorhanden, so würde die Walze wegrollen →.

Der untere Zapfen ist lotrecht belastet durch
1600 kg ↑ und waagrecht durch 1430 kg ←. Diese
Kräfte lassen sich durch ihre Mittelkraft S ersetzen (Bild 140). Deren Wirkungslinie läuft durch
den Schnittpunkt von Z und Q.

Fährt das Windwerk nach →, so ändert sich
die Belastung des Längslagers (unten) nicht, aber
die der Querlager nimmt ab. Also werden Z und Z'
kleiner. Somit nimmt auch β ab.

Am steilsten ist die Wirkungslinie von S, wenn das
Windwerk in der rechten Grenzstellung steht. Diese
Wirkungslinie zeichne man ein.

Wäre das untere Lager nur ein Querlager, so
müßte das obere gleichzeitig als Längslager aus-
gebildet sein. Dann wäre der Kran oben aufge-
hängt wie etwa der Lagerbock in Bild 116.

2. Hebelverbindung.

a) Kniehebel.

Beisp. 31. Die Nietmaschine in Bild 142 hängt
an einem Kran. Ermittle den Druck in den Stäben
S und im Nietstempel.

Der Kolben zieht am Bolzen I ← mit einer Kraft von

$$P = \left(\frac{22^2\,\pi}{4} - \frac{3^2\,\pi}{4}\right)\cdot p = (380 - 7)\cdot 6{,}5 = 2420\ \text{kg}.$$

Um das Parallelogramm in Bild 143 zu zeichnen, tragen wir zunächst P ab. Schließlich erhalten wir $S = 3100$ kg.

Bild: 142   143

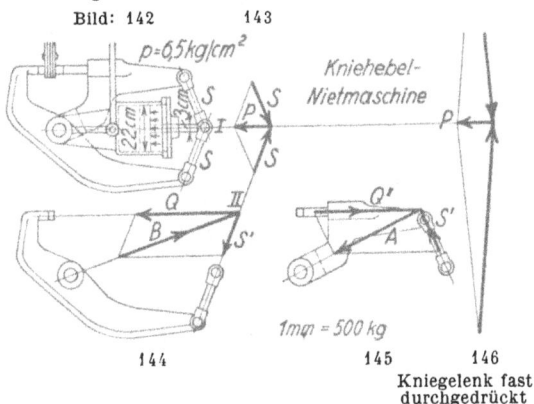

144   145   146

Kniegelenk fast durchgedrückt

Die Stäbe S drücken nicht nur gegen den Bolzen I, sondern ebenso stark auch gegen die Hebel in Bild 144 und 145.

Die Wirkungslinie des Nietdruckes Q (Bild 144) deckt sich mit der Mittelachse des Stempels. Sie schneidet die Wirkungslinie von S' in II. Durch diesen Punkt und die Drehachse des Hebels muß die Wirkungslinie der Stützkraft B laufen. Da $S' = S$, läßt sich das Kräfteparallelogramm in Bild 144 zeichnen. Daraus folgt $Q = 7200$ kg. Gleichzeitig erhalten wir B und entsprechend aus Bild 145 die Stützkraft A. — Den Bolzen, um den sich die Hebel drehen, greifen die Kräfte P, B und A an. Auch diese bilden Seiten und Diagonale eines Parallelogrammes. Prüfe das nach.

Ferner zeichne man die Hebel auf Pauspapier und verschiebe darauf die Kräfte bis zu ihren Angriffspunkten (wie in Bild 138).

Drückt der Kolben das von den Stangen S gebildete Kniegelenk noch weiter durch, so wach-

sen die Seiten des zugehörigen Parallelogrammes
außerordentlich an. Das zeigt Bild 146. Folglich
nimmt auch der Nietdruck Q bedeutend zu. Ein
Kniegelenk ermöglicht in einfacher Weise
eine große Übersetzung.

Hängen wir eine Blechtafel an nahezu waagrechten Seilen auf, so erhält das zugehörige Kräfteparallelogramm auch sehr lange Seiten, d. h. die
Kräfte in den Seilen werden sehr groß. Dies ist
aber jetzt nur nachteilig (im Gegensatz zum Kniegelenk).

b) Brems-Hebelwerk.

I. Bild 147. Die untere Bremsbacke preßt das Rad ↑.
Ebenso stark drückt das Rad gegen die Backe ↓. Die
Wirkungslinie dieses mit Q bezeichneten Druckes geht
durch die Drehachse des Rades und den Mittelpunkt
der gebremsten Fläche.

Wir fassen den hierüber verteilten Reibungswiderstand zu einer einzigen waagrechten Kraft W zusammen, als wäre die Bremsfläche eben wie in Bild 149.

Je rauher die Gleitflächen sind, desto größer ist W
im Verhältnis zu Q. Für Bremsbacken aus Pappelholz
ist etwa $W = \frac{1}{4} Q$. Siehe Bild 149.

Bild 147

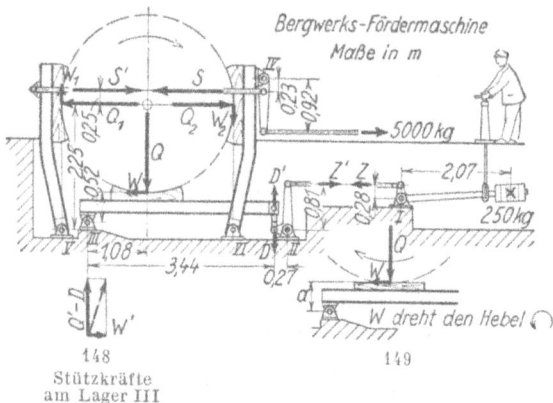

148
Stützkräfte
am Lager III

149

Da das Rad rechts herum läuft, will die Reibungskraft W die Backe nach ← schieben. W wirkt am Hebelarm a und erzeugt ein negatives Moment. Dadurch wird die Bremsbacke noch stärker gegen das Rad gedrückt. Also wächst der anfängliche Reibungswiderstand und damit auch dessen Moment. **Die Reibung verstärkt sich selbst.** Darum ist diese Bremse besonders im Notfall geeignet. Da sie nicht gleichmäßig, sondern ruckweise wirkt, schaltet man sie nur ein, wenn Gefahr droht.

Beisp. 32. Berechne den Reibungswiderstand W.

Achse I: $Z \cdot 0{,}28 = 250 \cdot 2{,}07$; hieraus $Z = 1850$ kg

» II: $D \cdot 0{,}27 = \overset{Z'}{1850} \cdot 0{,}81$; » $D = 5550$ kg

» III: $Q \cdot 1{,}08 = W \cdot 0{,}52 + \overset{D'}{5550} \cdot 3{,}44$

Hierin $W = \dfrac{Q}{4}$ gesetzt, ergibt

$$Q \cdot 1{,}08 = \frac{Q}{4} \cdot 0{,}52 + 5550 \cdot 3{,}44$$

$$Q \cdot 1{,}08 - \frac{Q}{4} \cdot 0{,}52 = 5550 \cdot 3{,}44$$

$$Q \left(1{,}08 - \frac{0{,}52}{4}\right) = 5550 \cdot 3{,}44; \qquad Q = 20100 \text{ kg}.$$

$$W = \frac{Q}{4} = \frac{20100}{4} = 5025 \text{ kg}.$$

Das Lager III drückt gegen den Bremshebel nach ↑ mit $20100 - 5550 = 14550$ kg, nach → mit 5025 kg. Der gesamte Lagerdruck ist gleich der Diagonale in Bild 148.

II. Die lotrechten Backen sollen sanft und ruhig bremsen. Darum wurde dafür gesorgt, daß die Wirkungslinien von W_1 und W_2 **durch die Drehachsen der Hebel** laufen. Dann können diese Kräfte keine zusätzlichen Drehmomente erzeugen. Die Walzstahle für die lotrechten Bremshebel mußten also entsprechend gebogen werden.

Beisp. 33. Berechne W_1 und W_2.

Achse IV (Bild 147):

$S \cdot 0{,}23 = 5000 \cdot 0{,}92$; $S = 20000$ kg

5*

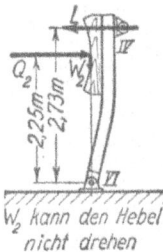

Bild 150

W_2 kann den Hebel
nicht drehen

Bild 150. Das Lager IV übt gegen den Bremshebel einen Druck aus von $L = \overline{20\,000} - 5000 = 15\,000$ kg.

Achse VI (Bild 150):

$$Q_2 \cdot 2,25 = 15\,000 \cdot 2,73;$$
$$Q_2 = 18\,200 \text{ kg}$$

$$W_2 = \frac{Q_2}{4} = \frac{18\,200}{4} = 4550 \text{ kg}.$$

Achse V (Bild 147):

$$Q_1 \cdot 2,25 = \overline{20\,000} \cdot (2,25 + 0,25);$$
$$Q_1 = 22\,200 \text{ kg}$$

$$W_1 = \frac{Q_1}{4} = \frac{22\,200}{4} = 5550 \text{ kg}$$

c) Wippkran.

Bild 151 und 154 zeigen ihn in verschiedenen Stellungen. Die winzigen Kreise o deuten Gelenke an. Um die Achsen I und II wippen die zugehörigen Hebel, wenn ein Motor die Schraubenspindel S dreht. Das Gewicht des großen Hebels ist ausgeglichen durch ein Gegengewicht, das neben der rechten Seilrolle sitzt.

Beisp. 34. Berechne für Bild 151 die Kraft S in der Schraubenspindel.

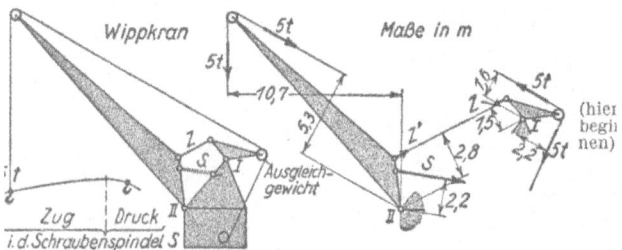

Bild: 151   152   153

Der Stab Z zieht am kleinen Hebel (Bild 153) nach ←, am großen (Bild 152) nach →. Es gilt für Bild 153

Achse I:

$$Z \cdot 1,5 + 5 \cdot 1,6 = 5 \cdot 2,2; \; Z = 2\,\mathrm{t} \; \text{(Zug)}.$$

Erst jetzt läßt sich S berechnen gemäß Bild 152.
Achse II:

$$S \cdot 2,2 + \overbrace{\frac{Z'}{2}} \cdot 2,8 + 5 \cdot 5,3 = 5 \cdot 10,7;$$
$$S = 9,7\,\mathrm{t} \; \textbf{(Zug)}.$$

Wird der Ausleger aufgerichtet, während die
Windentrommel stillsteht, so beschreibt der
Haken die eingezeichnete Bahn. Zunächst steigt
also die Last. Dann verrichtet die Schraubenspindel **Hubarbeit.**

Im höchsten Punkt der Bahn (im Bilde angedeutet) bewegt sich der Haken **waagrecht.** In
diesem Augenblick braucht man Hubarbeit nicht
mehr aufzuwenden. Die Zugkraft der Schraubenspindel nahm also bis **Null** ab.

Gelangt die Last noch weiter nach →, so **sinkt**
sie wieder. Dadurch entsteht **Druck** in der Schraubenspindel. Die vorher verrichtete Hubarbeit ge-
winnt man zurück, indem jetzt die steilgängige
Schraube den Motor treibt und darin elektrischen Strom erzeugt.

Beisp. 35. Ermittle für Bild 154 die Kraft S
auf zeichnerischem Wege.

Aus dem Parallelogramm in Bild 158 folgt der
Rollendruck R_1. Er liegt zufällig beinahe waag-
recht. Bild 157. R_1 will den kleinen Hebel wippen.
Das verhindert die abwärts ziehende Kraft Z.
Durch den Schnittpunkt von R_1 und Z muß der
Stützdruck des kleinen Hebels laufen. Das zu-
gehörige Parallelogramm liefert die Stabkraft Z
der Größe nach.

Ihre Gegenkraft zieht am großen Hebel aufwärts (Bild 156). Sie ergibt, mit dem Rollendruck
R_2 vereinigt, R_3. Diese Mittelkraft R_3 schneidet
in Bild 155 die Schraubenkraft S in einem Punkt,
durch den auch der (durch II gehende) Stützdruck

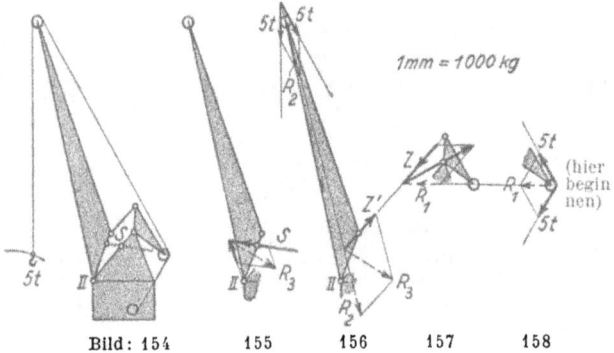

1mm = 1000 kg

(hier beginnen)

Bild: 154   155   156   157   158

des Hebels läuft. Das Parallelogramm ergibt $S = 5,5$ t **(Druck)**. Stab Z erleidet in jeder Stellung Zug.

Senken wir den Ausleger wieder, so läuft die Wirkungslinie von R_2 bald links am Gelenk II vorbei:

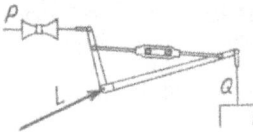

Bild 159

Die Kraft in der Schraubenspindel ist gleich **Null**, sobald R_2 so geringen Abstand **links** vom Drehpunkt II hat, daß das auf II bezogene Moment von Z' genügt, um das Moment von R_2 aufzuheben. Dann hat der Haken den höchsten Punkt der eingezeichneten Bahn erreicht.

d) Weiteres Beispiel.

Bild 165 zeigt ein Spannwerk für den Fahrdraht einer elektrischen Vollbahn. Der Gewichts-

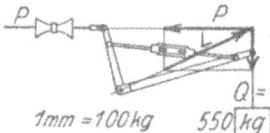

1mm =100kg $Q = 550$ kg

Bild 160

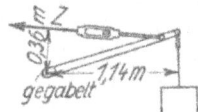

gegabelt   1,14 m

Bild 161

stapel hängt an einem Winkelhebel, den Bild 159 größer zeigt. Das Stangenschloß hat Rechts- und Linksgewinde. Damit läßt sich der Hebel verstellen.

Beisp. 36. Ermittle die Kraft L zum Stützen des Hebels.

Sie läuft durch die Drehachse des Hebels und den Schnittpunkt der Wirkungslinie von P und Q. Das Kräfteparallelogramm in Bild 160 liefert nicht nur $L = 1360$ kg, sondern gleichzeitig die Kraft P im Fahrdraht.

Die Gegenkraft von L drückt abwärts auf das Lager des Winkelhebels und will das ganze Gerüst nach links umkippen.

Beisp. 37. Wie stark wird das Stangenschloß gezogen?

Wir denken uns wie in Bild 161 die linke Stange herausgeschraubt und an deren Stelle die Zugkraft Z wirkend. Dann gilt

$$Z \cdot 0{,}36 = 550 \cdot 1{,}14; \quad Z = 550 \, \frac{1{,}14}{0{,}36} = 1740 \text{ kg.}$$

IX. Fachwerk.

1. Äußere Kräfte.

Das Gerüst in Bild 165 wird belastet durch den bereits ermittelten Stützdruck L des Winkelhebels.

Beisp. 38. Ermittle die Kraft im Anker A.

Lockern wir dessen Schraubenmutter, so dreht sich das ganze Gerüst um I. Dann wirkt L an einem 6 m langen, A an einem 2,2 m langen Hebelarm. Da sich die Momente aufheben, ist

rechtsdrehendes Moment = linksdrehendem Moment

$$A \cdot 2{,}2 = 1360 \cdot 6{,}0;$$

$$A = 1360 \, \frac{6{,}0}{2{,}2} = 3720 \text{ kg.}$$

Die Wirkungslinien von A und L schneiden sich im Punkt II. Durch diesen muß auch der durch I gehende Stützdruck B laufen. Von II ausgehend, tragen wir L

maßstäblich ab und können dann das zugehörige
Parallelogramm zeichnen. Daraus ergibt sich A ebenso
groß, wie wir vorher berechneten.

Zeichne den Umriß des Fachwerks auf Pauspapier
und verschiebe darauf die Kräfte $l.$, B und A bis zu
ihren Angriffspunkten.

Diese äußeren Kräfte erzeugen in den Stäben
des Fachwerks innere Kräfte. Den Umriß bilden die
Gurtstäbe. Die übrigen Stäbe sind Füllstäbe.

2. Innere Kräfte.

A. Bild 163. Die Mittelachsen der Stäbe liegen in
einer Ebene und schneiden sich in einem Punkt, dem
sogen. **Knotenpunkt.** Diese Stäbe sind nicht starr,
sondern gelenkig miteinander verbunden. Dagegen
wurden die Stäbe des Spannwerkes miteinander verschweißt.

Die Kräfte in den Fasern eines Stabes fassen wir
zu einer einzigen Kraft zusammen. Deren Wirkungslinie bezeichnet man als Stabachse. In Bild 167 sind

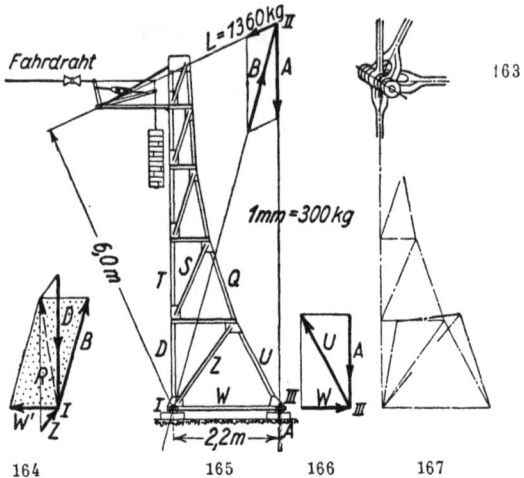

Bild: 162
Äußere Kräfte

164   165   166   167

die Achsen einiger Stäbe gezeichnet. Die Kräfte in den
Stäben lassen sich nur dann genau ermitteln, wenn alle
Stäbe gelenkig miteinander verbunden sind. Da
man sie meistens verschweißt oder vernietet,
werden die wahren inneren Kräfte von unseren Er-
gebnissen abweichen.

Beisp. 39. Bestimme die Kräfte am Knotenpunkt *III*.

Daran zieht A nach $\downarrow$, U nach oben. Aber W
drückt gegen den Punkt *III*. Nur so können diese
drei Kräfte im Gleichgewicht sein.

Wir entnehmen die Ankerkraft A aus Bild 162 und
tragen sie in Bild 166 ab. Dann können wir schon das
dortige Parallelogramm zeichnen. Wir messen daraus
ab $U = 4200$ kg, $W = 2010$ kg. Der Stab W könnte
zerknickt werden.

Ob A am Punkt *III* abwärts zieht (wie in Wirk-
lichkeit) oder dagegen abwärts drückt (wie in
Bild 166 angenommen, um Platz zu sparen), ist für das
Gleichgewicht nebensächlich.

B. Um zu erkennen, ob im Füllstab Z Zug
oder Druck herrscht, denken wir uns ihn herausgeschnitten. Was geschieht? Die äußere Kraft L
verschiebt das untere Stabviereck, wie Bild 167
zeigt. Die Diagonale Z wurde länger. Also herrschte in diesem Stab Zug.

Die andere (nicht gezeichnete) Diagonale ver-
kürzte sich. Hätten wir hier den Füllstab blind-
lings angebracht, so würde er gedrückt. Da ein
schlanker Stab schwerer zerreißt als zerknickt,
legt man den Füllstab in die Diagonale, die sich
im verschiebbar gedachten Fachwerk verlängert.

C. Beisp. 40. Ermittle die Kräfte am Knotenpunkt *I*.

Diesen greifen 3 innere Kräfte und 1 äußere
Kraft an (Stützdruck B). Dort sind also 4 Kräfte
im Gleichgewicht.

Die Stäbe W und D drücken $\leftarrow\downarrow$ gegen den
Punkt *I*, während der Füllstab Z daran zieht.
In Bild 164 wurde zunächst W' (die Gegenkraft
von W) mit dem Stützdruck B zur (gestrichelt

gezeichneten) Mittelkraft R vereinigt, damit wir uns W' und B beseitigt und durch R ersetzt denken können.

Dieser Ersatzkraft R halten die noch nicht berücksichtigten Stabkräfte D und Z das Gleichgewicht. Daraus folgt das zweite, schmale Parallelogramm in Bild 164. Wir sehen also, daß die Knickkraft im Gurtstab D etwa 5mal so groß ist wie die Zugkraft im Füllstab Z.

D. Beisp. 41. Bestimme die Gurtkräfte Q und T·
a) In Bild 169 ist der Stab Q herausgeschnitten. Soll der schattierte, starre Teil nicht um IV kippen, sondern in der ursprünglichen Lage verharren, so muß an der Stelle der früheren, **inneren** Stabkraft eine ebenso große, **äußere** Kraft Q ziehen. Diese folgt aus

rechtsdr. Mom. = linksdr. Mom.
$$Q \cdot 1,2 = 1360 \cdot 4,45;$$
$$Q = 1360 \frac{4,45}{1,2} = 5050 \text{ kg.}$$

Q läßt sich auch zeichnerisch finden: Die Wirkungslinien von Q und L schneiden sich in 4. Durch diesen Punkt und den Stützpunkt IV muß die Stützkraft C laufen. Sie drückt ↑ gegen den oberen Fachwerkteil. Ihre Wirkungslinie $4\,IV$ verschieben wir parallel nach Bild 168. Da L gegeben ist, läßt

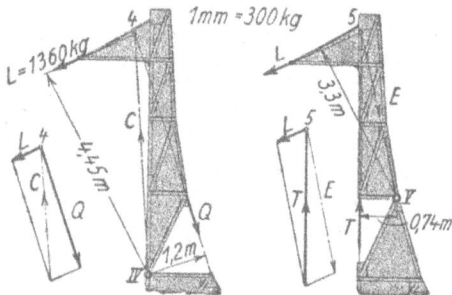

Bild: 168   169   170   171
Ermittlung der Kraft in einem Gurtstab

sich das dortige Parallelogramm zeichnen. Daraus ergibt sich Q ebenso groß, wie wir bereits berechneten.

Die Gegenkraft von C drückt auf den unteren, feststehenden Fachwerkteil nach $\downarrow$.

b) Bild 171. Um die innere Kraft im Stabe T zu berechnen, schneiden wir diesen heraus und setzen an seine Stelle T als äußere Kraft ein. Diese muß verhindern, daß sich das Fachwerk um V dreht. Im Stab T herrscht also Druck.

rechtsdr. Mom. = linksdr. Mom.

$$T \cdot 0{,}74 = 1360 \cdot 3{,}3;$$

$$T = 1360 \, \frac{3{,}3}{0{,}74} = 6070 \text{ kg.}$$

Um dies Ergebnis nachzuprüfen, wollen wir T auch zeichnerisch ermitteln.

Die Wirkungslinien von T und L schneiden sich in 5. Durch 5 und V läuft die Stützkraft E. Sie zieht $\downarrow$ am oberen Fachwerkteil abwärts. Ihre Wirkungslinie $5\,V$ parallel nach Bild 170 verschoben, liefert mit der gegebenen Kraft L ein Parallelogramm mit einer langen Diagonale. Daß T so groß ist, folgt auch aus dem großen Übersetzungsverhältnis 3,3 m : 0,74 m.

Die Gegenkraft von E zieht am unteren, feststehenden Fachwerkteil nach $\uparrow$.

E. Beisp. 42. Ermittle die Kraft im **Füllstab** S.

a) Bild 173. Wieder schneiden wir den fraglichen Stab heraus. Damit sich das zugehörige Stabviereck nicht verschiebt, lassen wir an der Stelle der früheren, **inneren** Stabkraft eine ebenso große **äußere** Kraft S wirken.

Den oberen, starren Teil des Fachwerks greifen außer L und S noch die Stabkräfte $T \uparrow$ und $Q \downarrow$ an. Diese 4 Kräfte erfüllen die Bedingung $\Sigma M = 0$. Die Wirkungslinien von T und Q schneiden sich in VII. Wählen wir diesen Punkt als Drehachse, so sind die Hebelarme von T und Q gleich Null. Dadurch wird die Rechnung sehr vereinfacht. Dann erzeugen nämlich nur noch L und S Momente.

Bild 172

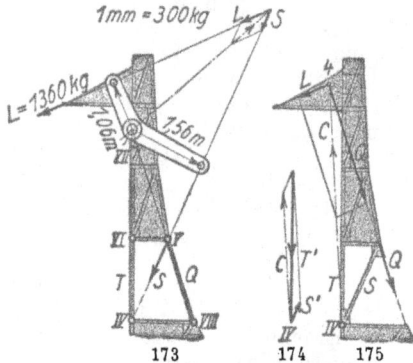

Ermittlung der Kraft in einem Füllstab.

Also wirkt der schattierte, um *VII* drehbare Fachwerkteil wie der darüber gezeichnete einfache Hebel.

$$\text{rechtsdr. Mom.} = \text{linksdr. Mom.}$$
$$S \cdot 1{,}56 = 1360 \cdot 1{,}06;$$
$$S = 1360\frac{1{,}06}{1{,}56} = 925 \text{ kg.}$$

In Bild 172 wurde *S* in der bekannten Weise zeichnerisch ermittelt.

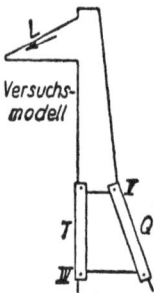

Bild 176

b) Das Modell in Bild 176 fertige man etwa 10 mal so groß aus Pappe an und verwende Reißzwecken als Gelenke.

Rücken wir den Knotenpunkt *V* unseres Modelles ein wenig hin und her, so dreht sich der obere Teil um einen bestimmten Punkt, den sogenannten Pol. Dieser Punkt verschiebt sich nicht. Er dreht sich nur um sich selbst.

Die benachbarten Punkte beschreiben Kreisbögen, und zwar um so längere, je weiter sie vom Pol entfernt sind.

Das Modell bestätigt uns, daß der Pol dort liegt, wo sich die Wirkungslinien von T und Q schneiden. Dieser Punkt ist in Bild 173 mit VII bezeichnet. Um ihn dreht sich das Fachwerk, wenn sich der Stab S dehnt oder verkürzt.

Verschiebe den oberen Teil des Modelles, bis der Stab Q lotrecht steht. Ermittle für diese Stellung den Pol. Er liegt wieder im Schnittpunkt von T und Q, aber jetzt außerhalb des Fachwerkes. Entsprechend haben sich die Hebelarme von L und S geändert.

c) Man kann auch so vorgehen, wie Bild 175 zeigt. Wir bringen Q und L zum Schnitt und gewinnen dadurch den Punkt 4. Aus dem dortigen Parallelogramm ergibt sich außer Q auch der Stützdruck C (derselbe wie in Bild 168). Da C nach ↑ drückt, entsteht im Stab T Druck, im Stab S Zug. Diese Kräfte liefert das Parallelogramm in Bild 174. Dort ist S' ebenso groß wie S in Bild 172 und T' ebenso groß wie T in Bild 170.

Dies Verfahren wurde erwähnt, weil es auch zum Ziel führt, wenn die Gurtstäbe T und Q parallel sind. Da dann der Schnittpunkt VII im Unendlichen liegt, versagt das unter a) mitgeteilte Verfahren.

2. Hälfte.

I. Rolle.

1. Feste und lose Rolle.

A. Bild 177. Hebezeug *I* besteht aus einer
festen Rolle. Sie wirkt wie ein Hebel mit gleich
langen Armen. Um damit 120 kg zu heben, muß
man ebenso stark am Seil ziehen. Aber der **Balken
hat doppelt soviel** zu tragen, also 240 kg. Will
man die Last um **1 m** heben, so muß die Kraft
ebenfalls **1 m** zurücklegen. Die Übersetzung beträgt **1 : 1.** Der Durchmesser der Rolle ist nebensächlich.

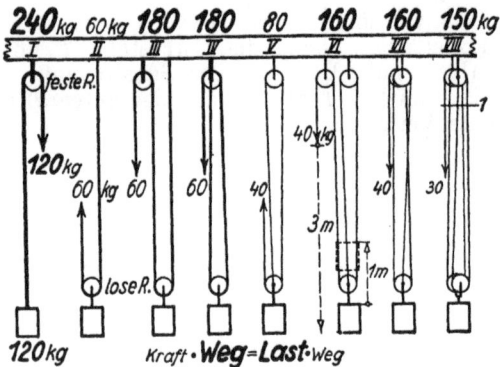

Bild 177

B. Vergleiche die Hebezeuge *I* und *II* miteinander. Die Last greift den **Umfang** der **festen**
Rolle an, aber die **Mitte** der **losen** Rolle.

Darum kann sich die Last der **losen** Rolle auf
zwei Stränge verteilen. Unsere Hände brauchen

nur **eine** Hälfte der Last zu tragen. Dies bringt aber einen ebenso großen Nachteil zwangläufig mit sich.

Während wir nämlich die Last um 1 m heben, gehen uns 2 m Seil durch die Hände. Also ist der Weg der Kraft doppelt so lang wie der der Last. Die Übersetzung der losen Rolle beträgt **1 : 2**. Was wir an Kraft sparen, setzen wir an Weg zu.

Unmittelbar die Last um 1 m zu heben, erfordert eine Arbeit von 120 kg · 1 m. Schalten wir eine lose Rolle ein, so verrichten unsere Hände eine Arbeit von 60 kg · 2 m.

$$60 \text{ kg} \cdot 2 \text{ m} = 120 \text{ kg} \cdot 1 \text{ m. Also}$$
Arbeit der Kraft = Arbeit der Last.

Arbeit wird uns nicht erspart, mit keiner Vorrichtung.

Verwenden wir eine lose Rolle, so braucht der Balken nur die Hälfte der Last zu tragen, also 60 kg. Die übrigen 60 kg halten unsere Hände. Dementsprechend genügt auch ein dünneres Seil.

2. Rollenverbindung.

A. Will man von oben nach unten ziehen, so fügt man wie im Fall *III* eine feste Rolle hinzu. Diese ändert die Gesamtübersetzung nicht, vermehrt aber die Belastung des Balkens um 120 kg, also bis 180 kg. Das stillstehende Ende des Seiles befestigt man am einfachsten, wie Hebezeug *IV* zeigt.

B. Benutzen wir den gleichen Rollenzug umgekehrt (Fall *V*), so ermöglicht er der Last, sich auf 3 Stränge zu verteilen. Also können wir sie jetzt schon durch 120 : 3 = 40 kg halten. Um sie 1 m zu heben, muß unsere Kraft 3 m zurücklegen. Die Übersetzung beträgt **1 : 3**. Unsere Hände ↑ halten 40 kg der Last. Der Rest (80 kg) hängt am Balken.

C. Damit man von oben nach unten ziehen kann, fügt man, wie im Beispiel *VI*, eine feste Rolle hinzu. Diese ändert wiederum die Gesamtübersetzung nicht. Aber jetzt vermehrt unsere Kraft ↓ die Belastung des Balkens um 2 · 40 = 80 kg. Steckt man die beiden festen Rollen auf eine gemeinsame Achse, so entsteht das Hebezeug *VII*.

D. Hebezeug *VIII*. Der Schnitt 1 trifft 5 Stränge. Die Last hängt aber nur an vieren. Die Kraft zum Heben ändert sich nicht, wenn wir an einem Seil ziehen, das statt lotrecht ↓, schräg oder waagrecht ← abläuft. Dann geht der Schnitt nur noch durch 4 Stränge. Der Last ↓ halten die Kräfte in ↑ ↑ ↑ ↑ Strängen das Gleichgewicht.

Also sind zum Heben 120.: 4 = 30 kg nötig. Die Übersetzung beträgt **1 : 4**. Das Seil darf noch dünner sein als vorher. Am langsamsten dreht sich die Rolle unten vorn, am schnellsten die oben hinten gelegene. Während wir die Last um **1 m** heben, gehen uns 4 m Seil durch die Hände, denn

$$30 \text{ kg} \cdot 4 \text{ m} = 120 \text{ kg} \cdot 1 \text{ m} \text{ oder}$$

kleine **Kraft** · langem **Weg** = großer **Last** · kurzem **Weg**.

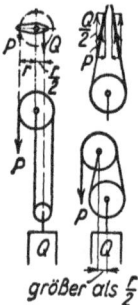

Für Hebezeug *VI* sind die verschieden langen Wege der Kraft und der Last eingezeichnet.

E. Die Übersetzung des Hebezeuges *IV* beträgt nur dann genau 1 : 2, wenn die Seile parallel sind wie in Bild 178. Dann wirkt der Rollenzug wie der darüber gezeichnete Hebel. Dessen Lastarm mißt die Hälfte des Kraftarmes. Also beträgt die Kraft die Hälfte der Last.

In Bild 179 oben wurden die schrägen Seilkräfte in lotrechte und waagrechte Seitenkräfte zerlegt.

Bild: 178 179

Jede der lotrechten Seitenkräfte muß gleich $\frac{Q}{2}$ sein. Also ist P etwas größer als $\frac{Q}{2}$. Haben sich die gleich großen Rollen weit genähert, so beträgt die Übersetzung nicht 1 : 2, sondern nur etwa 1 : 1,9.

II. Wirkungsgrad.

A. Die Rollen wickeln das Seil auf und ab. Es wird krumm und wieder gerade gebogen. Dabei reiben sich die Fasern. Ferner entsteht Reibung an den Rollenbolzen. Sie zehrt einen Teil unserer Kraft auf.

Je mehr Rollen, desto mehr Reibung. Dann ist die Kraft zum **Heben** viel **größer**, die zum **Senken** viel **kleiner**, als wenn keine Reibung vorhanden wäre.

Reibung frißt Arbeit. Dadurch entsteht Wärme. Diese breitet sich aus und geht für immer verloren. Hebt man mit einem Rollenzug eine Last, so wird die Reibungsarbeit nicht aufgespeichert, sondern nur die Hubarbeit. Nur diese läßt sich zurückgewinnen, indem die sinkende Last etwa eine Turmuhr treibt.

B. Um mit Rollenzug *VII* (S. 78) die Last zu heben, müssen wir statt theoretisch mit 40 kg, in Wirklichkeit mit 50 kg ziehen.

Von 50 kg werden 40 kg   ausgenutzt,

$$\text{» } 1 \text{ » } \quad \text{» } \quad \frac{40}{50} = 0{,}80 \text{ kg » }$$

An diesem Ergebnis erkennt man die mehr oder minder sparsame Wirkungsweise des Hebezeuges. Es wird **Wirkungsgrad** genannt und mit dem griechischen η (lies »Eta«) abgekürzt. Also

$$\eta = \frac{40 \text{ kg}}{50 \text{ kg}} = 0{,}80 = \frac{80}{100} = 80\,^0/_0.$$

Auch für sehr gute Hebezeuge ist der Nenner immer noch **größer** als der Zähler. Der Bruch kann also niemals den Wert 1 oder $\frac{100}{100} = 100\%$ überschreiten. Stets ist η kleiner.

Der Wirkungsgrad drückt aus, wieviel Hundert-stel des Aufwandes ausgenutzt werden. Ferner ist η eine Verhältniszahl und deshalb unbenannt.

Ob viel oder wenig Reibung den Rollenzug *VII* hemmt, ob wir ihn schmieren, ändert nicht die Wegübersetzung, d. h., um die Last um eine gewisse Strecke zu heben, geht uns stets 3 mal soviel Seil durch die Hände. Das Verhältnis von Lastweg und Kraftweg bleibt bestehen.

Ein hoher Wirkungsgrad erspart nicht nur Arbeit, also Antriebskosten. Gleichzeitig ver-schleißt das Hebezeug weniger rasch. Man spart auch Kosten für die Instandhaltung.

C. Den Wirkungsgrad wollen wir nun von der Seite der Last her ermitteln. Wegen der unver-meidlichen Reibung kann man heben

statt theoretisch 120 kg, wirklich nur 96 kg, also

$$»\qquad »\qquad 1\ »\qquad »\qquad »\ \frac{96}{120} = 0{,}80\ \text{kg}.$$

Dies Ergebnis gleicht dem vorigen.

Also

$$\eta = \frac{\text{theor. Kraft}}{\text{wirkl. Kraft}} = \frac{\text{wirkl. Last}}{\text{theor. Last}} \qquad (1)$$

Je mehr Rollen wir verwenden, desto größer ist nicht nur die Übersetzung, sondern auch die Reibung. Dadurch verschlechtert sich der Wir-kungsgrad. Er schwächt die angestrebte Ersparnis an Hubkraft ab.

Beisp. 43. Bild 180 zeigt ein Spannwerk für den Fahrdraht einer elektr. Vollbahn. Ersetzt man die Porzellanglocke durch einen Kraftmesser, so zeigt er 850 kg an. Berechne den Wirkungsgrad des Spannwerkes.

Ohne Reibung wäre $Z = 2\,Q = 2 \cdot 540 = 1080$ kg.

$$\text{Also } \eta = \frac{\text{wirkl. Last}}{\text{theor. Last}} = \frac{850}{1080} = 0{,}79.$$

Bild: 180

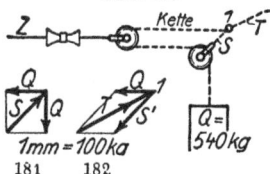

1mm = 100kg

181   182

$Q = 540 kg$

Der Leitungsdraht zieht sich im Winter zusammen, z. B. um 9 cm. Dann hebt er das Spanngewicht um das Doppelte, also um 18 cm. Dies Streckenverhältnis bleibt bestehen, wenn wir die Reibung, also den Wirkungsgrad. ändern, indem wir z. B. gut schmieren oder gar nicht,

Beisp. 44. Ermittle die Kraft in der Kette T, falls keine Reibung vorhanden wäre.

Die rechte Rolle wird durch die Kraft S gehalten. Deren Wirkungslinie halbiert den Winkel, den der lotrechte und waagerechte Kettenstrang bilden. Also wirkt S unter 45^0. Um die Größe dieser Kraft zu erhalten (Bild 181), tragen wir zunächst Q als Seiten eines Parallelogrammes ab. Es entsteht ein Quadrat.

An dem Ring 1 zieht die Kette S abwärts, ferner die waagerechte Kette mit der Kraft Q nach ←. Diesen beiden Kräften hält T das Gleichgewicht.

Jetzt beginnen wir damit (Bild 182) Q und S' zu Seiten eines Parallelogrammes zu machen. Daraus messen wir ab $T = 1200$ kg. Gleichzeitig erhalten wir den Winkel, unter dem sich die Kette T von selbst einstellt. Sie halbiert nicht den Winkel, den die beiden anderen am Ring angreifenden Ketten bilden.

III. Arbeit bleibt Arbeit.

A. Bild 183. Die Kraft P zieht nach unten und legte in der gleichen Richtung die Strecke s zurück. Auch die Schwerkraft Q strebt abwärts, aber ihr Weg h ist umgekehrt. Man bezeichnet $P \downarrow \cdot s \downarrow$ als positive und $Q \downarrow \cdot h \uparrow$ als negative Arbeit.

Wir kennen schon die **Wechselwirkung**

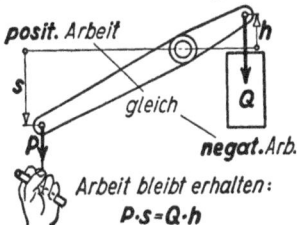

posit. Arbeit

gleich

negat. Arb.

Arbeit bleibt erhalten:

$P \cdot s = Q \cdot h$

Bild 183

»Goldene Regel der Mechanik«

6*

$$P \cdot s = Q \cdot h$$

Arbeit = Gegenarbeit oder
aufgewandte Arbeit = verbrauchter Arbeit.

Alle Arbeit bleibt erhalten. Dies umfassende,
»goldene« Naturgesetz gestattet uns, viele Berech-
nungen zu vereinfachen, denn es ist nebensächlich,
welche Zwischenglieder wir benutzen, ob wir
Hebel, Rollen, Schrauben oder dergleichen wählen.
Wir dürfen sie überspringen.

B. Das griech. mechane, lat. machina und franz.
machine sind verwandte Wörter und bedeuten soviel
wie Werkzeug oder Triebwerk. Aus »mechane« wurde
»Mechanik«. Alle Vorrichtungen, die Arbeit irgendwie
umformen sollen, heißen Maschinen.

Als **einfache Maschinen** bezeichnet man Hebel,
Rolle, Wellrad, Keil und Schraube. Hieraus bauen
sich die zusammengesetzten Maschinen auf.

Eine Maschine kann nur
Arbeit umformen, also ein Produkt in andere Faktoren zer-
legen oder ein Rechteck ver-
wandeln. Das veranschaulicht
Bild 184.

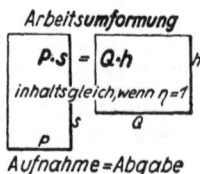

Bild 184

Eine Maschine verrichtet
nicht mehr Arbeit, als wir ihr
zuführen. Mittels einer Ma-
schine kann eine **kleine** Kraft (Muskelkraft) einer
großen Kraft (Last) das Gleichgewicht halten.
Was man aber an Kraft spart, muß man an Weg
zusetzen. **Arbeit** bleibt uns nicht erlassen. Be-
zahlt wird nicht die Kraft, sondern die **Arbeit.** Eine
stillstehende Kraft nützt wenig.

C. Schieben wir einen Wagen waagrecht
weiter, so verrichten wir keine Hubarbeit, sondern
nur Reibungsarbeit. Auch dann bleibt die aufgewandte Arbeit restlos erhalten, allerdings in ganz
anderer Form, nämlich als Wärme. Die Arbeit
wird zur Wärmequelle.

Die Reibungswärme entweicht. Wir können sie nicht wieder zusammenraffen und in Arbeit zurückverwandeln, um damit von neuem einen Widerstand zu überwinden[1]).

IV. Wellrad.

1. Einfaches Wellrad.

Damit in Bild 185 Gleichgewicht herrscht, muß sein
$$P \cdot R = Q \cdot r.$$
Also

$$P = Q \frac{r}{R} = 600 \frac{180}{300} = 360 \text{ kg.}$$

Mit diesem Hebel läßt sich die Last nur etwas heben oder senken. Besser geeignet ist das Wellrad im nächsten Bild 186. Es wirkt wie ein Hebel mit ungleichen Armen. Die Halbmesser sind ebenso lang wie die Hebelarme im vorhergehenden Bild. Also ist auch am Wellrad $P = 360$ kg.

Während es sich 1 mal dreht, schreitet die Kraft um $2 R \pi \downarrow$ fort. Gleichzeitig steigt die Last um $2 r \cdot \pi \uparrow$. Es gilt

1.) Kraft · Kraftweg = Last · Lastweg
$$P \cdot 2 R \pi = Q \cdot 2 r \pi \text{ oder gekürzt}$$
$$P \cdot R = Q \cdot r. \text{ Diese Zeile lautet}$$

2.) Kraft · Kraftarm = Last · Lastarm.

In der Arbeitsgleichung (1) ist also die Momentengleichung (2) enthalten, oder umgekehrt.

Die Gleichgewichtslehre behandelt hauptsächlich stillstehende Kräfte. Können wir sie zu fortschreitenden machen, so lassen sie sich häufig bequemer berechnen nach dem Gesetz der Arbeitsumformung.

Also werden wir in der Gleichgewichtslehre gelegentlich die Bewegungslehre zu Hilfe nehmen. Scharf abgegrenzt sind diese Gebiete nicht.

---

[1]) Näheres Teil I, Bewegungslehre.

2. Wellrad mit loser Rolle.

A. Bild 187. Befestigt man das linke Ende des
Seiles an der Decke (bei *I*), ohne es um die Trommel
zu schlingen, so besteht das Hebezeug einfach aus
einer losen und einer festen Rolle (wie Hebezeug III
auf S. 78). Dann gilt

$$P = \frac{Q}{2} = 600 : 2 = 300 \text{ kg.}$$

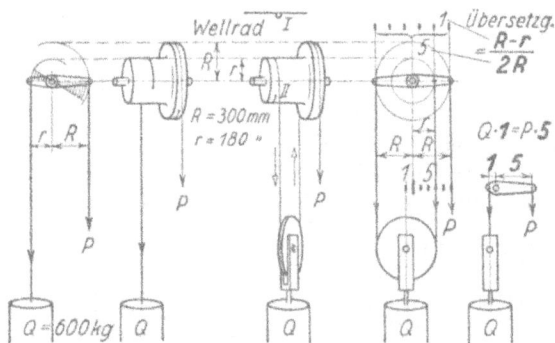

Bild: 185   186   187   188   189

Differentialflaschenzug

B. Viel größer wird die Übersetzung, wenn man
das Seil an der Trommel (bei *II*) so befestigt, daß
dieser Strang das Wellrad in der gleichen Richtung zu drehen sucht wie die Kraft *P*. Dann
zieht eine Hälfte der Last **auf der Seite der Kraft.**
Dadurch sparen wir viel Kraft (nicht Arbeit).
Dann wirkt das Wellrad wie der Hebel im nächsten Bild 188 oben.

An dessen Drehachse läuft die Wirkungslinie
von *Q* in einem Abstand vorbei, der gleich **1** gesetzt
wurde. Der Hebelarm der Kraft *P* ist **5**mal so
groß. Also wirkt das Wellrad wie der einfache
Hebel im folgenden Bild 189.

Das Streckenverhältnis **1 : 5** tritt noch einmal am Wellrad auf. Das zeigt Bild 188 oben. Dort sind die Abschnitte doppelt so groß wie unten. Der Teil, der oben mit 1 bezeichnet ist, beträgt $R - r$. Die zugehörige, 5 Teile lange Strecke ist gleich $2\,R$.

Das Verhältnis $\frac{1}{5}$ allgemein ausgedrückt, lautet $\frac{R - r}{2\,R}$.

Also dürfen wir für $P = Q\,\frac{1}{5}$ allgemein setzen

$$P = Q\,\frac{R - r}{2\,R} \quad \ldots \ldots (2)$$

Diese Gleichung ergibt sich, allerdings weniger übersichtlich, auch aus der Bedingung

rechtsdrehende Momente = linksdrehendem Moment

$$P \cdot R + \frac{Q}{2} \cdot r = \frac{Q}{2} \cdot R$$

$$P \cdot R = \frac{Q}{2} \cdot R - \frac{Q}{2} \cdot r$$

$$P \cdot R = \frac{Q}{2}\,(R - r)$$

$$P = \frac{Q}{2\,R}\,(R - r) = Q\,\frac{R - r}{2\,R}.$$

In unserem Beispiel ist

$$P = Q\,\frac{300 - 180}{2 \cdot 300} = Q\,\frac{1}{5} = 120 \text{ kg.}$$

Verringern wir r bis Null, so ist schließlich $P = \frac{Q}{2}$ wie in Bild 178.

Je kleiner die **Differenz** $R - r$ verglichen mit $2\,R$ (hebe diese Strecken in Bild 187 hervor), desto größer die Übersetzung. Darum nennt man dies Hebezeug auch Differentialflaschenzug. Vergleiche hiermit den Differentialhebel der Zerreißmaschine auf S. 46.

C. Bild 190 zeigt, wie ein Differentialflaschenzug wirklich ausgeführt wird. Oben laufen 2 Ketten-

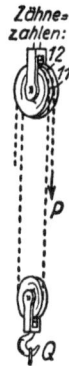

Bild 190

räder. Sie bilden ein einziges, zusammenhängendes
Gußstück. Damit die Kette nicht rutscht, tragen
die Rillen Zähne. Die Enden der Kette sind
meistens miteinander verbunden.

Es ist schwierig, die maßgebenden Halbmesser
R und r der Kettenräder genau zu messen. Statt
dessen darf man auch ihre Zähnezahlen in die Rechnung einsetzen, denn diese sind ebenso verschieden
wie die Halbmesser.

Beisp. 45. Berechne die Kettenkraft P, wenn
$Q = 600$ kg.

$$P = Q \frac{R - r}{2R} = 600 \frac{12 - 11}{2 \cdot 12} = 600 \frac{1}{24} = 25 \text{ kg}.$$

Während wir die Last um 1 m heben, gehen uns
24 m Kette durch die Hände.

Beisp. 46. In Wirklichkeit muß die Kraft mehr
als 25 kg betragen, nämlich 52 kg. Berechne den
Wirkungsgrad.

Ob wir die 52 kg in den Zähler oder Nenner zu
setzen haben, erkennen wir daran, daß das Ergebnis
für η stets kleiner als 1 werden muß. Also

$$\eta = \frac{25 \text{ kg}}{52 \text{ kg}} = 0,48.$$

Der Wirkungsgrad ist so gering, weil sich die Glieder
der straffen Kette sehr stark aneinander reiben, sobald sie sich krümmt und wieder gerade wird. Die
Reibung ist so groß, daß die Last nicht sinkt, wenn
man die Kette los läßt. Dies Hebezeug ist selbsthemmend.

3. Zahnradtrieb.

Beisp. 47. Berechne für Bild 191 die Gurtkräfte T und Z sowie die Kraft P. Diese soll mit
der Kurbel stets einen rechten Winkel bilden.

Achse I: $T \cdot 420 = 1000 \cdot 180$; $T = 428$ kg

» II: $Z \cdot 240 = \overset{T}{428} \cdot 105$; $Z = 188$ kg

» III: $P \cdot 400 = \overset{Z}{188} \cdot 80$; $P = 37,6$ kg

A. Die Halbmesser der Walzen sind ebenso groß wie im nächsten Bilde die Teilkreishalbmesser der Zahnräder. Den Zahndruck denkt man sich tangential zum Teilkreis wirkend. Folglich ist der Zahndruck gleich der Zugkraft in den Gurten T und Z.

Dreht man die Kurbel, so werden die Gurte auf- und abgewickelt. Die Halbmesser der Walzen (Hebelarme) ändern sich. Während die Last gehoben wird, nimmt also die Übersetzung ab. Folglich ist eine immer stärkere Kraft an der Kurbel nötig. Stets müssen wir aber gleich viel Arbeit verrichten, um die Last z. B. um je 1 m zu heben.

B. Wir hätten die Gurtkräfte (Zahndrucke) T und Z auch überspringen und die Kurbelkraft P unmittelbar berechnen können aus dem »goldenen Gesetz«

Arbeit der Kraft $=$ Arbeit der Last.

Hierbei ist es nebensächlich, ob wir 3 Zahnradvorgelege statt 2 verwenden oder ein ganz anderes Triebwerk. Maßgebend bleibt nur, wieviel mal so groß der Weg der Kraft als der der Last ist.

Die Zähnezahlen stehen neben den Rädern. 1 Umlauf des Rades a erzeugt also 4 Umläufe des Rades b. Durch 1 Umlauf des Rades c entstehen 3 Umläufe des Rades d.

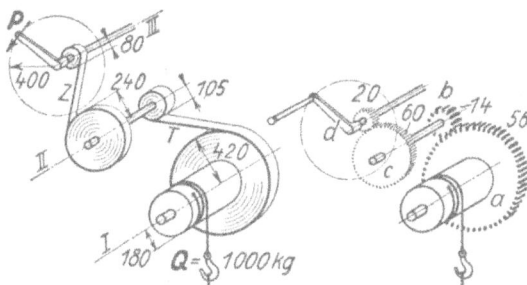

Bild: 191
Gurtkraft = Zahndruck

192

Also erzeugt

1 Umlauf des Rades *a*

$4 \cdot 3 = 12$ Umläufe des Rades *d*. Nach **12** Umläufen der Kurbel hat sich die Seiltrommel **1** mal gedreht.

$$\text{Kraft} \cdot \text{Weg} = \text{Last} \cdot \text{Weg}$$

$$P \cdot 12 \cdot \overset{\text{Umfang}}{\overbrace{2 \cdot 400 \cdot \pi}} = 1000 \cdot 1 \cdot \overset{\text{Umfang}}{\overbrace{2 \cdot 180 \cdot \pi}}$$

oder gekürzt

$$P \cdot 12 \cdot 400 = 1000 \cdot 180$$

$$P = 1000 \cdot \frac{180}{12 \cdot 400} = 1000 \cdot \frac{1}{26{,}7}$$

$$= 37{,}6 \text{ kg}.$$

Die Übersetzung ist **1 : 26,7**, d. h. während wir die Last 1 m heben, legt der Griff der Kurbel 26,7 m zurück.

C. Unser Körper kann wohl eine **große Arbeit** verrichten, aber nur **durch eine kleine Kraft auf einem langen Wege.** Deshalb muß man zwischen Kraft und Last eine genügend große Übersetzung einschalten, z. B. eine Winde.

Arbeit wird uns aber dadurch nicht erspart. Im Gegenteil! Da wir Arbeit nicht ohne Bewegung umformen und Bewegung nicht ohne Reibung erzeugen können, muß unsere Kraft in Wirklichkeit außer der Lastarbeit noch Reibungsarbeit verrichten, so daß ist

Kraftarbeit = Lastarbeit + Reibungsarbeit.

Damit ergibt sich der Wirkungsgrad auch aus

$$\eta = \frac{\text{Lastarbeit}}{\textbf{Kraftarbeit}} = \frac{\text{Lastarb.}}{\text{Lastarb.} + \text{Reibungsarb.}}$$

Lassen wir die Kurbel los, so treibt die Last das Räderwerk, wobei sie immer rascher sinkt. Um das zu verhüten, baut man eine **Sperrvorrich**-

tung ein. Das Hebezeug in Bild 190 erzeugt soviel Reibung, daß es schon dadurch **selbsthemmend** wird. Von der Seite der Last läßt es sich nicht in Gang setzen, auch nicht durch eine noch so starke Kraft.

D. Beisp. 48. Berechne für Bild 193 die Kurbelkraft K und den Zahndruck Z.

Da die Last an 3 Seilen hängt, ist $P = 600 : 3 = 200$ kg.

Auf die Drehachse der Windentrommel bezogen, gilt:

$$Z \cdot 350 = P \cdot 210; \qquad Z = \overset{P}{200} \cdot \frac{210}{350} = 120 \text{ kg.}$$

Auf Kurbelwellenachse bezogen, ist:

$$K \cdot 330 = Z \cdot 70; \qquad K = \overset{Z}{120} \cdot \frac{70}{330} = 25,5 \text{ kg.}$$

Wir schätzen $\eta = 82\% = 0,82$. Damit folgt aus Gl. (1) die an der Kurbel erforderliche

$$\text{wirkl. Kraft} = \frac{\text{theor. Kraft}}{\eta} = \frac{25,5 \text{ kg}}{0,82} = 31,1 \text{ kg.}$$

Die Last um 2 m zu heben, erfordert eine Arbeit von $600 \cdot 2 : 0,82 = 1465$ kgm.

E. Das Hubwerk stehe zunächst noch still. Fährt man dann die Laufkatze hin und her, so bewegt sich der Lasthaken **genau waagrecht.** Hubarbeit braucht man also nicht zu verrichten. Deshalb läßt sich die Laufkatze leicht nach oben fahren, obwohl sie schwer belastet ist. Um dies zu erreichen, mußte die Fahrbahn eine bestimmte Neigung erhalten:

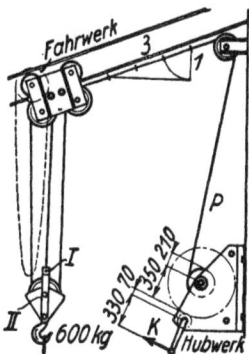

Bild 193

a) Wickelt das Hubwerk **3** Teile Seil ab, so sinkt die Last um **1** Teil.

b) Legt die Laufkatze auf der Fahrbahn **3** Weg-
teile aufwärts zurück (im Bilde angedeutet),
so **steigt** sie um **1** Teil.

c) Gleichzeitig laufen (bei stillstehendem Hubwerk) **3** Teile Seil in die Katze hinein. Dadurch **sinkt** der Lasthaken wieder um **1** Teil.

d) Also bewegt er sich weder aufwärts noch abwärts, sondern **waagrecht.** Steigen ↑ der
Laufkatze und Sinken ↓ der Last heben
sich auf.

Das linke Ende des Seiles könnte statt bei *I*
auch unmittelbar an der Last selbst befestigt
sein. Also trägt Bolzen *II* merkwürdigerweise
nicht 600, sondern nur 400 kg.

V. Schiefe Ebene (ohne Reibung).

1. Kraft geneigt.

A. Der Schrägaufzug in Bild 195 befördert Eisen-
bahnwagen. Fahrstuhl und Wagen wiegen zusammen 32 t. Der Gesamtschwerpunkt ist durch
ein × markiert.

Während die Seilkraft *P* einen Weg von
$s = 19$ m zurücklegt, steigt die Last *Q* um $h = 6$ m
in ihrer nach → wandernden, lotrechten Wirkungslinie.

Kraft · Weg = Last · Weg

$$P \cdot s = Q \cdot h \qquad \text{Hieraus folgt}$$

$$P = Q\, \frac{h}{s} \quad \cdots \cdots \cdots \quad (3)$$

In unserem Beispiel ist $P = 32 \text{ t} \dfrac{6 \text{ m}}{19 \text{ m}} = 10{,}1 \text{ t}$.

Die Maßeinheiten des Zählers und Nenners heben
sich auf.

Diese schiefe Ebene gewährt eine Übersetzung wie
ein Hebel, dessen Lastarm 6 Teile und Kraftarm
19 Teile mißt.

B. Die Gegenkraft von P zieht am Umfang der Windentrommel abwärts. Die Schienen drücken gegen den Fahrstuhl aufwärts. Die Wirkungslinie dieses Druckes D bildet mit den Schienen einen Winkel von 90^0. Er verteilt sich auf 4 Räder.

Bild: 194

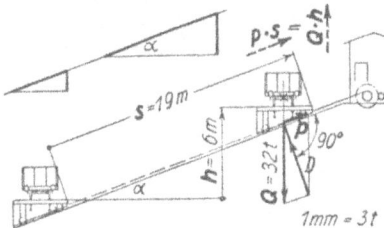

195

Da der Druck D normal, d. h. rechtwinklig, auf den Schienen steht, wird er auch als Normaldruck bezeichnet.

Um die Seilkraft P zeichnerisch zu ermitteln, bringen wir zunächst die Wirkungslinien von P und Q zum Schnitt. Durch den so gewonnenen Punkt muß der Druck D gegen die Räder laufen, da die 3 Kräfte anders nicht im Gleichgewicht sein können. Aus dem Parallelogramm ergibt sich P ebenso groß, wie wir berechneten.

Die Gegenkraft von D drückt abwärts auf die Schienen.

C. P hängt nicht unmittelbar von h ab, auch nicht von s, sondern nur von dem unbenannten **Verhältnis** $h:s$. Die Dreiecke in Bild 194 sind verschieden groß, aber ihr Verhältnis $h:s$ ist gleich.

2. Kraft waagrecht.

A. Die Straßenwalze in Bild 197 wiegt 1,2 t. Die Wirkungslinie der Zugkraft P ist zufällig **waagrecht.** Während P in dieser Richtung $s = 10,8$ m zurücklegt, steigt Q um $h = 1,6$ m.

Bild: 196

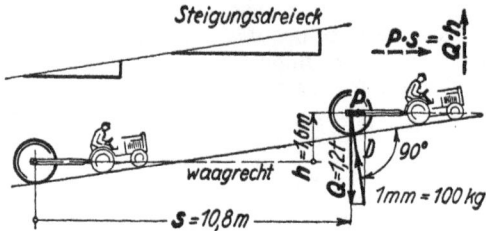

197

$$\text{Kraft} \cdot \text{Weg} = \text{Last} \cdot \text{Weg}$$

$$P \cdot s = Q \cdot h; \quad P = Q\,\frac{h}{s} = 1200\,\text{kg}\,\frac{1{,}6\,\text{m}}{10{,}8\,\text{m}} = 178\,\text{kg}.$$

Ebenso groß erhalten wir P aus dem Parallelogramm.

Zieht P aber nicht waagrecht, sondern parallel zur schiefen Ebene, so ist der (geneigte) Weg s länger und folglich die Kraft P im gleichen Maße kleiner. Dann sparen wie wohl **Kraft,** aber nicht **Arbeit.**

Die Gegenkraft von P zieht am Schlepper nach ←. Die Gegenkraft von D drückt auf die Fahrbahn.

B. Wieder hängt P nicht unmittelbar von h und s ab, sondern von dem **Verhältnis** $h:s$. Die Dreiecke in Bild 196 sind verschieden groß, aber ihr Verhältnis $h:s$, also **Höhe : Grundlinie,** ist gleich.

C. Bild 198. Wir ziehen durch den Mittelpunkt des Kreises eine Gerade unter **45⁰**, bis sie die Tangente schneidet. Es entsteht ein rechtwinkliges Dreieck mit gleichen Schenkeln. Mißt die Grundlinie z. B. 14 m, so ist die Höhe auch gleich 14 m. Das Steigungsverhältnis des Dreiecks beträgt also 14 m : 14 m = 1. Diese Zahl 1 setzen wir ans obere Ende der Tangente und unterteilen sie.

Der dick gezeichnete Abschnitt mißt 0,148. Ebenso groß ergibt sich in Bild 196 oder 197 $h:s$, denn 1,6 m : 10,8 m = 0,148. Also ist der **Abschnitt** auf der

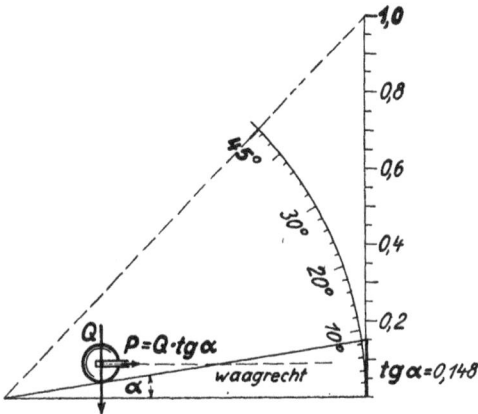

Bild 198

Tangente gleich dem **Steigungsverhältnis** $h:s$. Man nennt diesen Wert die Tangente von α, abgekürzt tg α (sprich »tangens α«).

D. Also gilt statt $P = Q \frac{h}{s}$ auch

$$P = Q \cdot \text{tg}\, \alpha \ \ldots \ldots \ldots (4)$$

Zahlen eingesetzt, ergibt $P = 1200\,\text{kg} \cdot 0{,}148 = 178\,\text{kg}$.

Ferner lesen wir aus Bild 198 z. B. ab

für $\quad \alpha = 12^0 \qquad$ tg $\alpha = 0{,}21$,

$\quad$» tg $\alpha = \quad 0{,}32 \qquad \alpha = 18^0$.

Die kurzen Seiten eines rechtwinkligen Dreiecks heißen Katheten oder Lotseiten. Dem Winkel α liegt eine Kathete gegenüber, die andere an. Unter tg α versteht man das Verhältnis Gegenkathete : Ankathete.

3. Schraube.

A. Schneide aus Papier ein etwa 20 cm langes Steigungsdreieck aus, dessen Steigungswinkel gleich dem in Bild 196 ist. Schmiege es so um eine lotrechte Walze, daß die Grundlinie waagrecht liegt. Dann bildet die Schrägseite eine **Schraubenlinie,**

deren Steigungswinkel gleich dem des ebenen
Dreieckes ist.

Bild 199. Die Wirkungslinie von P läuft durch
die Mitte der Straßenwalze. Also ist die **mittlere,**
dick gezeichnete Schraubenlinie mit dem Steigungswinkel α maßgebend. Wieder zieht P
waagrecht. Folglich $P = Q \cdot \operatorname{tg} \alpha$.

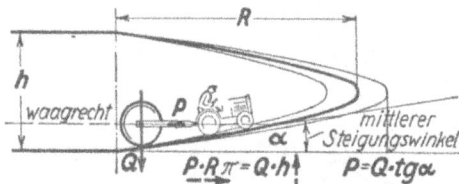

Bild 199

P dreht sich um die lotrechte Mittelachse der
Schraubenlinie und behält von dieser stets den
gleichen Abstand R. Nach einer halben Wendung
ist der waagrechte Weg der Kraft P so lang wie
die Schraubenlinie in der Draufsicht ↓, also gleich
dem halben Umfang eines Kreises mit dem Halbmesser R. Gleichzeitig steigt die Last Q um h.
Also

$$\text{Kraft} \cdot \text{Weg} = \text{Last} \cdot \text{Weg}$$

$$P \cdot R\pi = Q \cdot h.$$

Hieraus ergibt sich P ebenso groß wie aus
$P = Q \cdot \operatorname{tg} \alpha$.

B. Bild 201. Schraubenspindel und Last wiegen
zusammen 126 kg. Ein Umlauf hebt die Last Q
um die **Steigung** h. Die Kraft am Kurbelgriff
wollen wir ersetzen durch den waagrechten Zug
eines Drahtes. Der Hebelarm dieser Kraft P soll
gleich dem der Kurbel sein. Darum erhielt die
walzenförmige Last einen ebenso großen Halbmesser.
Der Draht umschlingt sie in einer Schraubenlinie,
und zwar so, daß deren Steigung gleich der der
Schraubenspindel ist (10 cm).

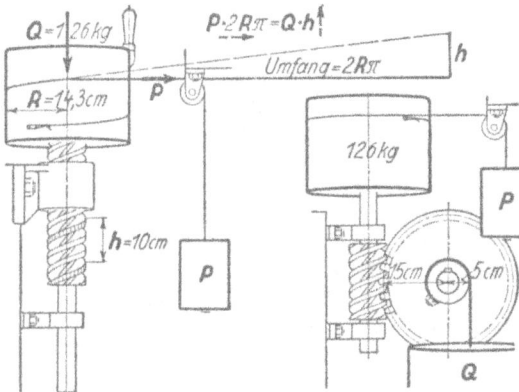

Bild: 201   202

Also läuft der Draht stets **waagrecht** ab. Hierfür sorgten wir, damit wir den Weg der Kraft P nach 1 Umlauf leicht ermitteln können. Er ist gleich dem Umfang $2R\pi$. Gleichzeitig steigt die Last um h. Dies veranschaulicht das Steigungsdreieck in Bild 200. Eine Schraube wirkt also wie eine schiefe Ebene, auf der die Last durch eine waagrechte Kraft hinaufgeschoben wird.

$$\text{Kraft} \cdot \text{Weg} = \text{Last} \cdot \text{Weg}$$
$$P \cdot 2R\pi = Q \cdot h$$
$$P = Q\,\frac{h}{2R\pi} \quad \dots \quad (5)$$

In unserem Beispiel ist

$$P = 126\,\frac{10}{2\cdot 14,3\cdot\pi} = 126\,\frac{1}{9} = 14\,\text{kg}.$$

Ebenso stark muß die Kraft an der Kurbel sein. Der Durchmesser der Schraubenspindel ist nebensächlich. Es kommt nur auf die Steigung h an.

Das Streckenverhältnis $h : 2R\pi$ stellt die Übersetzung der Schraube dar. Sie beträgt **1 : 9**.

Also ist die Höhe des Steigungsdreiecks (Bild 200)
9 mal in der Grundlinie enthalten.

C. Die Mutter ist gleichzeitig Lagerbock. Er
trägt die ganze lotrechte Last Q.

In Bild 202 dagegen stützt sich die Schraube
samt Last auf ein Zahnrad. Dies vertritt die
Mutter. Die Gänge der Schraube, jetzt treffender
Schnecke genannt, berühren die Lager nicht.
Diese Böcke werden nur waagrecht belastet. Sie
brauchen also nicht besonders kräftig zu sein.

Die Schnecke übt tangential zum Teilkreis des
Zahnrades einen Druck von 126 kg ↓ aus. Also
rechtsdrehendes Moment = linksdrehendem Moment

$$Q \cdot 5 = 126 \cdot 15$$

$$Q = 126 \frac{15}{5} = 378 \text{ kg}.$$

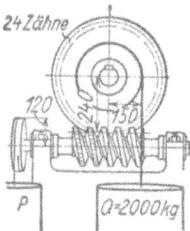

24 Zähne

Bild 203

Da $P = 14$ kg ist, beträgt die
Gesamtübersetzung 14 : 378 =
1 : 27. Sinkt P um 27 cm, so
steigt Q um 1 cm.

Beisp. 49. Wie groß muß in
Bild 203 die Kraft P sein, um
der Last Q das Gleichgewicht
zu halten?

24 Umläufe der Schnecke erzeugen 1 Umlauf des Rades.

Kraft · Weg = Last · Weg

$$P \cdot 24 \cdot 2 \cdot 120 \cdot \pi = 2000 \cdot 2 \cdot 150 \cdot \pi$$

$$P = 2000 \frac{2 \cdot 150 \cdot \pi}{24 \cdot 2 \cdot 120 \cdot \pi} = 104 \text{ kg}.$$

Wegen der unvermeidlichen Reibung wird die Kraft P
zum Heben bedeutend größer sein müssen.

Das Rad drückt gegen die Schnecke ← und diese
gegen das linke Lager ←. Anderseits drückt das Lager
gegen die Schnecke → und damit auch gegen das
Rad → mit einer Kraft, die wir S nennen. Diese will
das Rad links herum drehen und hält dadurch der
Last Q das Gleichgewicht. Also

$$S \cdot 240 = 2000 \cdot 150; \quad S = 2000 \, \frac{150}{240} = 1250 \text{ kg.}$$

Dieser Kraft entspricht in Bild 202 das 126 kg schwere Gewicht

Der Hebel ist eine »einfache« Maschine für drehende, die schiefe Ebene für fortschreitende Bewegung. Auf diese beiden Grundformen lassen sich auch Rolle und Wellrad, Keil und Schraube zurückführen.

VI. Reibung.

1. Rollende Reibung.

a) Bahn waagrecht.

I. In Bild 204 soll P so stark ziehen, daß die Straßenwalze die linke Kante I berührt, ohne sie zu drücken. Dann trägt die rechte Kante II die Walze allein.

Um diese Kante dreht sich die Walze, wenn P fortschreitet →. Also halten sich die Kräfte P und Q das Gleichgewicht wie an dem Winkelhebel im nächsten Bild 205. Dessen langer Arm ist (fast) gleich dem Halbmesser r der Walze. Wir errechnen P aus der Bedingung

rechtsdrehendes Moment = linksdrehendem Moment

$$P \cdot r = Q \cdot a.$$

Schreitet P immer weiter fort, so steigt die Walze, bis ihr Mittelpunkt lotrecht über II liegt. Bis dahin verrichtet P Hubarbeit. Dann fällt die Walze in die nächste Furche. Ginge beim Aufprall keine Arbeit verloren (als Wärme), so könnte die Walze aus eigener Kraft wieder so hoch steigen wie vorher und so weiter rollen. Dann würde der Walzenmittelpunkt solchen ⌒⌒⌒ Weg beschreiben.

Verringern wir den Durchmesser der Walze und damit auch den langen Arm des Winkelhebels, so wächst im gleichen Maße die zum Kippen nötige

7*

Zugkraft P, gleiches Gewicht Q vorausgesetzt. Möbelwagen haben **kleine Räder** und darum **großen Rollwiderstand.**

Damit die rollende Reibung gering ist, bevorzugt man **große** Durchmesser. Große Kugeln rollen leichter als kleine (wichtig für Kugellager). Die gleitende Reibung dagegen hemmt um so weniger, je dünner die Welle ist (wichtig für Uhrwerke und andere Meßgeräte).

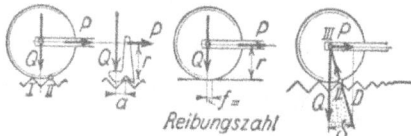

Bild: 204   205   206   207

II. In Bild 206 brauchen wir **keine Hubarbeit** zu verrichten. Es ist aber doch eine geringe Zugkraft nötig, da die Walze sich **abplattet** und sogar in eine steinharte Bahn etwas **eindringt.** Dann verwandelt sich die Arbeit der Kraft P in **Wärme.**

Diese geringe Kraft könnte die Walze um die Kante einer gefurchten Bahn nur dann kippen, wenn die Last einen genügend **kurzen** Hebelarm hätte (a in Bild 205), wenn also die Furchen **sehr eng** wären.

Diesen kurzen (nur gedachten) Hebelarm nennt man die **Reibungszahl für rollende Reibung,** abgekürzt f. In Bild 206 wurde f der Deutlichkeit halber zu groß gezeichnet.

Die Walze wiegt 1500 kg. Sie hat einen Halbmesser von 70 cm und läßt sich auf glatter Bahn durch 30 kg fortziehen. Also folgt aus

$$Q \cdot f = P \cdot r \qquad f = \frac{P}{Q} \cdot r = \frac{30\ \text{kg}}{1500\ \text{kg}} \cdot 70\ \text{cm} = 1,4\ \text{cm}.$$

Die Reibungszahl beträgt also 1,4 cm.

Die Maßeinheiten kg kürzen sich weg. Übrig bleibt im Ergebnis ganz richtig die Einheit einer Strecke (cm).

Für Schienenfahrzeuge ist durchschnittlich
$f = 0,1$ cm.

Beisp. 50. Ein Eisenbahnrad hat 100 cm Dmr.
und trägt 4000 kg. Berechne der Rollwiderstand P.

Aus $P \cdot r = Q \cdot f$ folgt

$$P = Q \frac{f}{r} = 4000 \text{ kg} \cdot \frac{0,1 \text{ cm}}{50 \text{ cm}} = 8 \text{ kg}.$$

Jetzt heben sich die Einheiten cm auf und übrig
bleibt richtig kg.

Wegen der gleitenden Reibung in den Achslagern
muß P mehr als 8 kg betragen.

III. Bild 207. Die Schwerkraft Q und die Zugkraft P schneiden sich in *III*. Durch die Punkte *II*
und *III* muß die Stützkraft D laufen. Aus dem
Parallelogramm kann man P abmessen.

Da die Furchen nach rechts immer schmäler
werden, läßt sich die Walze im gleichen Maße leichter ziehen (kippen). Dann nimmt der Winkel δ
ab (lies »Delta«). Also stemmt sich der Stützdruck
D immer weniger der angestrebten Bewegung →
entgegen.

Auf einer vollkommen glatten und starren,
waagrechten Bahn eine ebenso glatte, starre Walze
fortzurollen, erfordert keine Kraft. Dann ist $\delta = 0$,
d. h. der Stützdruck $D \uparrow$ fällt mit der Schwerkraft
$Q \downarrow$ zusammen. Dann greifen nur diese beiden
Kräfte (Kraft und Gegenkraft) die Walze an.

IV. Ein lehrreicher **Versuch: 1.** Die Nähgarnrolle
in Bild 209 berührt den Tisch in den Punkten *A* und *B*.
Sie decken sich im folgenden Bild 210. Ihre Ver-
bindungslinie entspricht der Kippkante in Bild 204,
wenn wir uns die Furchen sehr eng vorstellen.

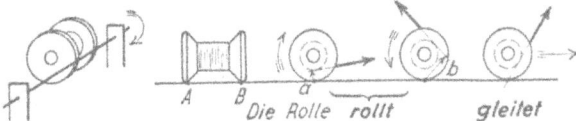

Bild: 208   209   210   211   212

Sinngemäß dreht sich die auf dem Tisch laufende Rolle um die Achse *A B* und merkwürdigerweise **n i c h t um d i e Mittelachse** des Loches.

2. In Bild 208 sitzt die Rolle an einem Draht, mit dem sie kreisen kann. Der Draht entspricht der Achse *A B*. Läuft die Rolle aber frei auf dem Tisch, so wandert ihre Drehachse *A B* mit.

Um d i e Mittelachse des Loches drehte sich die Rolle, als der Drechsler sie anfertigte, oder die Nähmaschine den Faden abwickelte.

3. Ziehen wir wie in Bild 210 am Faden, so hat die Wirkungslinie unserer Kraft von der Drehachse den Abstand *a*. Dies ist der **H e b e l a r m** der Kraft. Also erzeugen wir ein rechts drehendes Moment. Folglich läuft die Rolle nach →. Obwohl wir am Faden ziehen, wickelt er sich **a u f**.

4. In Bild 211 ziehen wir so, daß die Verlängerung des Fadens auf der anderen Seite der Drehachse vorbeigeht im Abstand *b*. Also läuft die Rolle jetzt nach ←. Der Faden wickelt sich **a b**.

5. Neigen wir den Faden noch anders, so erreichen wir schließlich, daß sich die Rolle weder nach rechts noch nach links dreht, sondern nur **g l e i t e t**. Dann hat die Fadenkraft **k e i n e n** Hebelarm. Also geht ihre Wirkungslinie **d u r c h d i e Drehachse** *A B*.

Um die für diesen Grenzfall geltende Neigung des Fadens nicht versuchsweise, sondern unmittelbar zu finden, ziehen wir wie in Bild 212 durch die Drehachse eine Tangente an den gestrichelten Kreis.

b) Bahn geneigt.

I. Das Parallelogramm in Bild 213 zeigt, wie stark *P* sein muß, damit die Walze wieder die Kante *I* ohne Druck berührt und um *II* kippt.

Verringern wir *P*, bis die Walze die Kante *II* ohne Druck berührt und um *I* kippt, so entsteht das schmale Parallelogramm in Bild 214.

Die Stützkraft *D* weicht ab von der Normalen (Lot auf die Bahn) beim **H e b e n** nach **r e c h t s**, beim **S e n k e n** nach **l i n k s**, also stets so, daß der Stützdruck *D* der **angestrebten Bewegung ent-gegenwirkt**.

In Bild 195 dachten wir uns die rollende Reibung
noch ausgeschaltet. Dort ist also δ = Null, d. h.
der Stützdruck D wirkt senkrecht zur Bahn. Darum
kann er die Bewegung nicht erschweren.

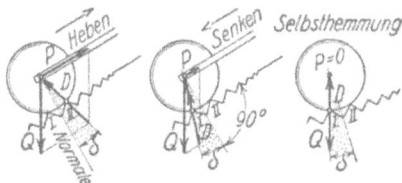

Bild: 213   214   215
(In Bild 195 ist δ = 0)

II. Neigen wir die gefurchte Bahn weniger, so
drückt D immer steiler. Schließlich fällt wie in Bild 215
der Stützdruck $D\uparrow$ mit der Schwerkraft $Q\downarrow$ zusammen. Dann liegt die allein tragende Kante I
lotrecht unter der Mittelachse der Walze.
Wir brauchen also nicht wie vorher an der Walze zu
ziehen, um zu verhindern, daß sie herabrollt. Dann
ist P = Null. Es herrscht **Selbsthemmung**.

2. Gleitende Reibung.

a) Bahn waagrecht.

I. Bild 216. Der Reitstock wiegt 31 kg. Mit
dieser Kraft Q drückt er auf die Gleitbahn. Ebenso
stark drückt die Gleitbahn zurück gegen den
Reitstock. Also greifen ihn 2 Kräfte an, die
Schwerkraft $Q\downarrow$ und der Stützdruck $D\uparrow$. Ihre
Maßstrecken decken sich in unserem Bilde.

II. Jetzt ziehen wir $\rightarrow$ an dem Reitstock
(Bild 217), bis er sich gleichförmig bewegt.
Eine Federwaage zeigt P = 8,7 kg an. Diese
Kraft dient nur dazu, die Reibung zu überwinden.

Der Stützdruck D muß jetzt nicht nur $Q\downarrow$,
sondern auch $P\rightarrow$ das Gleichgewicht halten. Das
kann er nur, indem er aus seiner früheren, lotrechten Wirkungslinie heraustritt und schräg
gegen den Reitstock drückt. Dadurch stemmt

Bild: 216   217   218   219

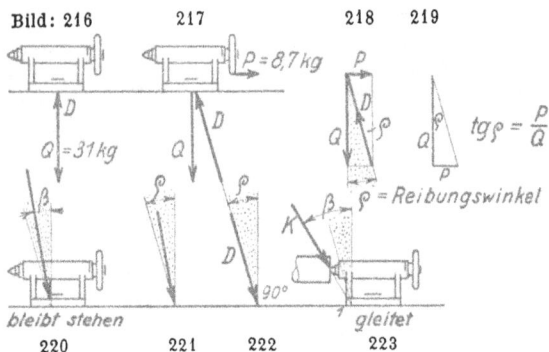

$tg\varrho = \dfrac{P}{Q}$

$P = 8,7\,kg$

$Q = 31\,kg$

$\varrho = Reibungswinkel$

bleibt stehen   gleitet

220   221   222   223

sich der Stützdruck der angestrebten Bewegung →
entgegen.

Die Gegenkraft des Stützdruckes (Bild 222)
will die Gleitbahn nach → drängen.

III. Da die 3 Kräfte in Bild 217 im Gleichgewicht sind, bilden sie Seiten und Diagonale
eines Parallelogrammes. Um es zu zeichnen,
bringen wir zunächst die Wirkungslinien von P
und Q zum Schnitt (Bild 218). Durch diesen
Punkt muß auch die 3. Wirkungslinie laufen.

Dann tragen wir Q und P maßstäblich ab,
ziehen eine waagrechte und lotrechte Hilfslinie
und finden dadurch D.

IV. Ist die Gleitbahn noch trocken, so müssen
wir stärker ziehen, bis der Reitstock gleitet. Also
wird das zugehörige Kräfteparallelogramm brei-
ter. Der Stützdruck D stemmt sich mehr der angestrebten Bewegung → entgegen. Der Winkel ϱ
wächst (lies »Rho«). Er heißt **Reibungswinkel**
und entspricht dem Winkel δ in Bild 207.

Ziehen wir nicht stark genug, so bleibt der Reitstock stehen. Dann ist das Kräfteparallelogramm
in Bild 218 schmäler. Also weicht der Druck
auf die Gleitbahn (Bild 221) um weniger als ϱ vom
Lot ab.

— 105 —

V. Was folgt daraus für Bild 220? Da β kleiner als ϱ ist, kann die Kraft, und mag sie noch so stark sein, den Reitstock nicht verschieben, auch dann nicht, wenn wir uns ihn gewichtlos denken. Der Reitstock kommt erst in Gang, wenn wir die Kraft mehr neigen, bis $\beta = \varrho$ geworden ist.

Bild 223. Die Welle drückt mit der Kraft K auf die Körnerspitze. Da diese ganz in den Reitstock zurückgezogen wurde, kann K den Körper nicht kippen (um die Kante 1). Dennoch müssen wir den Reitstock festschrauben, da jetzt β größer als ϱ ist.

VI. Bild 224. Das rechte Seil zieht innerhalb des zugehörigen Reibungswinkels ϱ_2 und gleitet deshalb nicht aus. Hierbei ist nebensächlich, wie stark die Kraft im Seil ist.

Das linke Seil greift außerhalb des dortigen Reibungswinkels ϱ_1 an. Dies Seil gleitet, bis es mit dem rechten Schenkel von ϱ_1 zusammenfällt, wie im nächsten Bild 225 geschehen.

Bild: 224   225

Der Schwerpunkt × stellt sich so ein, daß er stets lotrecht unter dem Kranhaken liegt.

VII. Wir kehren zu Bild 217 zurück. Da $8{,}7$ kg $= 31$ kg $\cdot$ $0{,}28$, beträgt die Kraft P zum Überwinden der Reibung das $0{,}28$fache der Last Q. Dieser Malwert ist um so größer, je größer der Reibungswiderstand ist und heißt deshalb **Reibungszahl**, abgekürzt μ (lies »Mü«). Also

$$P = Q \cdot \mu \quad \ldots \ldots \quad (6)$$

Im Gegensatz zu f ist μ eine unbenannte Zahl.

Das Parallelogramm in Bild 218 besteht aus 2 Dreiecken. Eins davon zeigt Bild 219. Dem Winkel ϱ liegt die Seite P gegenüber, die Seite Q an. Das Verhältnis $P : Q$ nennt man tg ϱ. Also

$\text{tg } \varrho = \dfrac{P}{Q}$. Da aus Gl. (6) folgt $\dfrac{P}{Q} = \mu$, ist

$$\text{tg } \varrho = \mu \quad \ldots \ldots \quad (7)$$

b) Bahn geneigt.

I. In Bild 226 liegt der Rammbär noch waagrecht. Ein Maß für die Güte der Gleitbahn ist der Reibungswinkel. Um ihn zu ermitteln, ziehen wir an dem Bären, bis er sich gleichförmig bewegt. Eine Federwaage zeigt $P = 900$ kg an. Aus dem Kräfteparallelogramm erhalten wir ϱ.

Halbieren wir den Bären der Länge nach, so sind für einen Teil P und Q halb so groß wie vorher. Das Kräfteparallelogramm wird kleiner. Aber ϱ ändert sich nicht. Der Reibungswinkel ist also unabhängig vom Gewicht. Er allein gestattet schon, die Güte verschiedener Gleitflächen mit einander zu vergleichen.

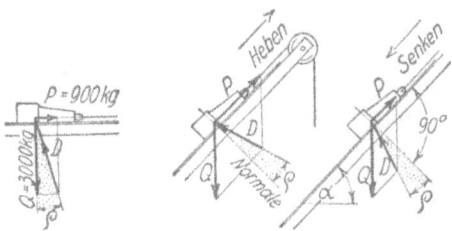

Bild: 226   227   228
(vgl. mit 207,   mit 213,   mit 214)

II. Bild 227 und 228. Zunächst denken wir uns die Gleitbahn vollkommen glatt. Dann übt sie gegen den Bären beim Heben oder Senken einen Druck D aus, dessen Wirkungslinie mit der Bahn einen rechten Winkel bildet (wie in Bild 195). Von dieser Normalen weicht D in Wirklichkeit um den Reibungswinkel ϱ ab, und zwar so, daß dadurch die Kraft P zum **Heben größer,** zum **Senken kleiner** wird, als wenn keine Reibung vorhanden wäre. **Entsprechend liegt in Bild 213 und 214 der Winkel δ.**

Die Kräfte zum Heben und Senken des Ramm-
bären sind also sehr verschieden stark. Auch die
Kraft zum Senken zieht aufwärts.

Ohne Reibung $(\varrho = 0)$ wären die Kräfte zum
Heben und Senken gleich. Zeichne das zugehörige
Kräfteparallelogramm in Bild 228 ein.

III. Verringern wir den Steigungswinkel α, so
genügt eine immer kleinere Kraft, um den Bären
während des Senkens zu halten, denn das zugehörige Parallelogramm wird immer schmäler.
Bald fällt $D \uparrow$ mit $Q \downarrow$ zusammen wie in Bild 229.
Dann ist der Neigungswinkel α gleich dem Reibungswinkel ϱ geworden.

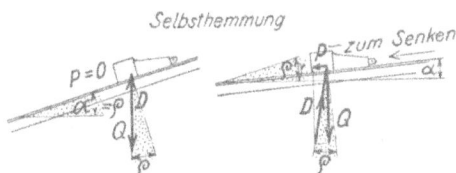

Bild: 229   230

Dort drückt die senkrechte Kraft D schräg
gegen den Bären und hemmt allein seinen Lauf.
Dann ist $P = $ Null, d. h. es reicht gerade die
Reibung aus, um den Bären zu halten. Es herrscht
Selbsthemmung. Durch einen solchen Versuch läßt
sich ϱ und hieraus μ bestimmen.

Wir neigen die zunächst noch waagrechte Bahn
immer mehr, bis endlich Gleiten eintritt. Der zugehörige Neigungswinkel ist der gesuchte Reibungswinkel.
Der Versuch ist unabhängig vom Gewicht.

In Bild 230 ist die Gleitbahn sehr stark selbsthemmend, da α bedeutend kleiner als ϱ ist. Der
Bär gleitet nicht von selbst herab. Wir müssen
ihn durch die aus dem Parallelogramm sich er-
gebende Kraft P herunterziehen.

IV. Bild 231. Da Scheitelwinkel gleich sind, stimmen die rechtwinkligen Dreiecke in allen 3 Winkeln
überein. Also $\alpha = \beta$. Verschiebt man die Schenkel des

Winkels β parallel, so entsteht Bild 232. Also sind auch
dort die angedeuteten Winkel gleich.

Darum bildet auch in Bild 233 die Schwerkraft
mit der Normalen auf die Gleitbahn einen Winkel, der
gleich ihrem Steigungswinkel α ist. Man prüfe das nach
an verschieden stark geneigten Bahnen.

In Bild 233 wirkt P **waagrecht**. Also besteht
das Kräfteparallelogramm aus **rechtwinkligen**

Dreiecken. Da gemäß Bild 235 links $\dfrac{P}{Q} = \mathrm{tg}\,(\alpha + \varrho)$,
ist die Hubkraft

$$P = Q \cdot \mathrm{tg}\,(\alpha + \varrho) \quad \ldots \ldots \quad (8)$$

Bild: 231

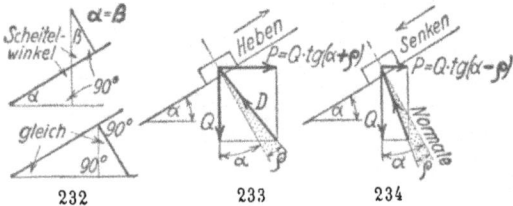

232   233   234

Kraft waagrecht

In Bild 235 rechts ist der Winkel, der P gegenüber liegt, gleich $\alpha - \varrho$. Also muß die Last beim
Senken festgehalten werden mit $P = Q \cdot \mathrm{tg}\,(\alpha - \varrho)$.
Verringern wir den Steigungswinkel α, bis er
gleich ϱ geworden ist, so steht die Diagonale des
Rechteckes lotrecht, d. h.
dessen Breite, also P,
nahm bis Null ab. Dann
herrscht **Selbsthemmung**
wie in Bild 229.

Daß in diesem Fall $P = 0$
ist, folgt auch aus $P =$
$Q \cdot \mathrm{tg}\,(\alpha - \varrho) = Q \cdot \mathrm{tg}\,(\varrho - \varrho)$
$= Q \cdot \mathrm{tg}\, 0^0 = Q \cdot 0 = 0$.

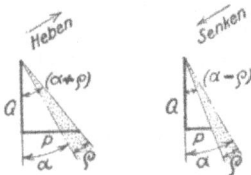

Bild 235

c) Schraube.

I. In Bild 236 bedeutet r den **mittleren Halbmesser** und α den **Steigungswinkel** der **mittleren**
(strichpunktiert gezeichneten) Schraubenlinie. Die

Grundlinie des Steigungsdreieckes ist gleich dem
mittleren Umfang $2\,r\,\pi$, die Höhe gleich der
Steigung h des Gewindes.

Mit diesen Maßen zeichnen wir das Steigungsdreieck auf und lesen an der Kreisteilung in Bild 237
ab $\alpha = 9{,}7^0$.

Die **Mittelachse des Seiles** deckt sich mit der
mittleren Schraubenlinie. Die Schraube läßt sich
drehen, indem man an dem Seil zieht. Damit wir
aus dieser Kraft → ohne weiteres das Drehmoment
berechnen können, muß sie lotrecht zur Last ↓
ziehen, also die Drehachse unter 90^0 kreuzen. Dann
wirkt die Schraube wie eine schiefe Ebene, auf der
eine Last durch eine **waagrechte** Kraft hinaufgeschoben wird.

Bild 238

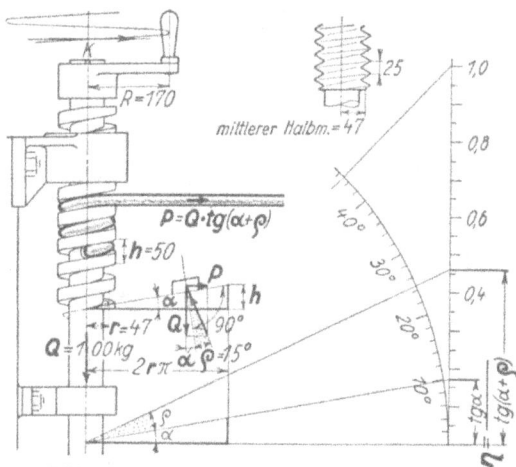

$P = Q \cdot tg(\alpha + \varrho)$

$R = 170$

mittlerer Halbm. = 47

$h = 50$

$r = 47$ Q 90^0

$Q = 100\,kg$ $2\,r\,\pi$ α $\varrho = 15^0$

Bild: 236

237

Aus Seilkraft folgt Kurbelkraft

In unserem Beispiel ist $\varrho = 15^0$, also $\alpha + \varrho$
$= 9{,}7^0 + 15^0 = 24{,}7^0$. Aus Bild 237 ergibt sich
$tg\,(\alpha + \varrho)$, indem wir durch den Kreismittelpunkt

eine unter 24,7⁰ geneigte Gerade so weit ziehen, bis sie die Tangente schneidet. Dort lesen wir ab 0,46. Also tg 24,7⁰ = 0,46 und gemäß Gl. (8)

$$P = Q \cdot \text{tg} \,(\alpha + \varrho) = 100 \cdot 0,46 = 46 \text{ kg}.$$

Da α kleiner als ϱ ist, ist die Schraube **selbsthemmend**. Sie kann **von der Seite der Last** durch keine noch so große Kraft ↓ angetrieben (gedreht) werden.

Die Mitte des Seiles hat von der Drehachse den Abstand r. Also zieht die **Seilkraft** P am Hebelarm r. Sie erzeugt ein

$$M_d = P \cdot r = 46 \text{ kg} \cdot 4,7 \text{ cm} = 216 \text{ kgcm}.$$

In Wirklichkeit benutzen wir natürlich die **Kurbel** und lassen daran die **waagrechte Kraft** K (Bild 236 oben) angreifen. K hat einen Hebelarm R und muß so stark sein, daß ein ebenso großes Moment entsteht wie vorher durch die Seilkraft.

$$K \cdot R = 216; \text{ hieraus } K = \frac{216}{R} = \frac{216 \text{ kgcm}}{17 \text{ cm}} = 13 \text{ kg}.$$

Das Gewinde in Bild 238 hat den gleichen mittleren Halbmesser, aber nur eine halb so große Steigung wie das benachbarte flachgängige Gewinde. Also ermöglicht **scharfgängiges** Gewinde einen besonders **kleinen Steigungswinkel**. Darum ist es für solche Schrauben sehr geeignet, die in hohem Maße selbsthemmend sein müssen, also für **Befestigungsschrauben** im Gegensatz zu **Bewegungsschrauben**, z. B. an Werkzeugmaschinen.

Scharfgängige Schrauben lockern sich auch deshalb nicht so leicht, weil die stark geneigten Flanken des Gewindes wie ein **Keil** die Mutter sprengen wollen, also diese viel mehr belasten, als wenn die Flanken parallel sind oder fast parallel wie beim Trapezgewinde.

II. Bezeichnet man die Seilkraft mit P_0, falls sie keine Reibung zu überwinden hat ($\varrho = 0$), so gilt $P_0 = Q \cdot \text{tg} \,\alpha = 100 \cdot \text{tg} \, 9,7⁰ = 100 \cdot 0,17 = 17$ kg. Also ist der Wirkungsgrad

$$\eta = \frac{\text{theoretische Kraft}}{\text{wirkliche Kraft}} = \frac{P_0}{P} = \frac{17}{46} = 0,37 = 37 \,\%.$$

Diese Schraube nutzt nur $^{37}/_{100}$ der Arbeit der Kraft P aus. Der Rest verwandelt sich in Wärme.

Es gilt auch

$$\eta = \frac{P_0}{P} = \frac{Q \cdot \text{tg } \alpha}{Q \cdot \text{tg } (\alpha + \varrho)}$$

oder gekürzt

$$\eta = \frac{\text{tg } \alpha}{\text{tg } (\alpha + \varrho)} \quad \cdots \cdots \quad (9)$$

In unserem Falle ist

$$\eta = \frac{\text{tg } 9{,}7^0}{\text{tg } (9{,}7^0 + 15^0)} = \frac{0{,}17}{0{,}46} = 0{,}37.$$

Dies Ergebnis deckt sich mit dem vorigen. Der Wirkungsgrad η ist gleich dem Verhältnis der lotrechten Maßlinien in Bild 237 rechts.

Je größer α und je kleiner ϱ, desto größer η und geringer der Verschleiß.

Ist $\varrho = \alpha$, so wird $\eta = \dfrac{\text{tg } \alpha}{\text{tg } (\alpha + \varrho)} = \dfrac{\text{tg } \alpha}{\text{tg } (\alpha + \alpha)}$.

Aus Bild 237 ersieht man, daß der Nenner $\text{tg}\,(\alpha + \alpha)$ stets **mehr** als doppelt so groß ist wie der Zähler $\text{tg } \alpha$. Also muß der **Wirkungsgrad selbsthemmender** Schrauben stets **kleiner** als $\frac{1}{2}$ sein.

Dieser Grenzwert gilt auch für Rollenzüge, Zahnradwinden und andere Maschinen. Sind sie selbsthemmend, so besitzen sie einen geringen Wirkungsgrad. Er ist stets kleiner als $\frac{1}{2}$.

III. Beisp. 51. In Bild 201 dachten wir uns die Reibung noch ausgeschaltet. Also konnten wir P einfach berechnen aus der Bedingung Kraftarbeit = Lastarbeit.

Damit die Reibung möglichst wenig stört, machten wir die Schraube mehrgängig. Dadurch erhielt sie einen Steigungswinkel, der viel größer ist als der Reibungswinkel. Diese Schraube ist also nicht selbsthemmend. Zerreißt der Draht, so dreht die Last sofort die Schraube herab.

Der mittlere Halbmesser r des Gewindes beträgt 3,5 cm. Ferner schätzen wir $\varrho = 10^0$. Berechne den Wirkungsgrad.

$$\operatorname{tg}\alpha = \frac{h}{2\,r\,\pi} = \frac{10}{2\cdot 3{,}5\,\pi} = 0{,}45.$$

Suchen wir nun auf der Tangente in Bild 237 den Teilpunkt 0,45, um ihn mit dem Mittelpunkt des Kreises zu verbinden, so erhalten wir $\alpha = 24{,}5^0$.

$$\eta = \frac{\operatorname{tg}\alpha}{\operatorname{tg}(\alpha+\varrho)} = \frac{\operatorname{tg}24{,}5^0}{\operatorname{tg}34{,}5^0} = \frac{0{,}45}{0{,}69} = 0{,}65.$$

Beisp. 52. Als wir die Kraft P im Draht berechneten, ohne die Reibung zu berücksichtigen, erhielten wir 14 kg. Wie stark müssen wir wirklich am Draht ziehen, um die Last hochzuschrauben?

1. Lösung:

Aus Gl. (1) folgt

$$\text{wirkl. Kraft} = \frac{\text{theor. Kraft}}{\eta} = \frac{14\;\text{kg}}{0{,}65} = 21{,}5\;\text{kg}.$$

2. Lösung:

Wir denken uns um den Kern des Gewindes ein Seil geschlungen wie auf Seite 109. Beim Heben ist die

Seilkraft $= Q \cdot \operatorname{tg}(\alpha+\varrho) = 126 \cdot \operatorname{tg}(24{,}5^0 + 10^0)$
$= 126 \cdot \operatorname{tg}34{,}5^0 = 126 \cdot 0{,}69 = 87$ kg.

Diese Kraft wirkt am Hebelarm $r = 3{,}5$ cm und erzeugt ein

$$M_d = 87\;\text{kg}\cdot 3{,}5\;\text{cm} = 305\;\text{kgcm}.$$

Also $P \cdot \overset{R}{14{,}3} = 305$; hieraus $P = \dfrac{305\;\text{kgcm}}{14{,}3\;\text{cm}} = 21{,}5\;\text{kg}.$

Ähnlich ergibt sich die Kraft beim Senken. Sie beträgt nur 8 kg. Prüfe das nach.

d) Keil.

Wird ein glühender Stahlblock ausgewalzt, so nähert man die Walzen einander mittels lotrechter Schraubenspindeln. Zwischen diesen und den Lagern der Walzen ist eine Vorrichtung eingebaut wie die in Bild 241. Die beiden waagrechten Bolzen sind in der Mitte so dünn, daß sie zerreißen, bevor die teuren Walzen brechen. Diese Bolzen erfüllen einen ähnlichen Zweck wie die Sicherung in der elektrischen Leitung.

Beisp. 53. Welche Kraft P entsteht höchstens
in den waagrechten Bolzen, wenn der Druck Q in
der lotrechten Schraubenspindel 420 t nicht überschreiten soll?

I. Die Walze drückt nach ↑ gegen die Stellschraube,
diese umgekehrt nach ↓ mit der Kraft Q. Bevor die
Sicherungsbolzen zerreißen, dehnen sie sich etwas.
Dann gleitet der Keil in Bild 239 nach ↓, der in Bild 243
nach →.

Also entsteht Reibung auf den in Bild 240 mit 1 und
2 bezeichneten Flächen. Die zugehörigen Reibungswinkel ϱ_1 und ϱ_2 lassen sich so ermitteln:

Bild: 239

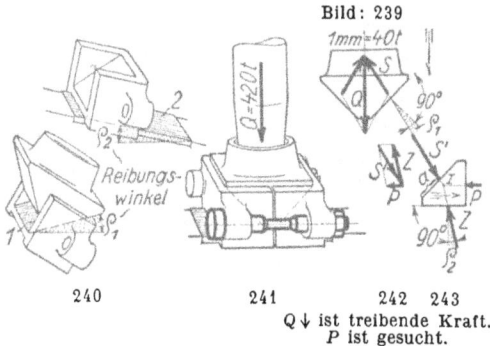

240   241   242   243

Q↓ ist treibende Kraft.
P ist gesucht.

Man neigt die geschmierte Bahn, bis Gleiten eintritt. Streng genommen müßte berücksichtigt werden,
daß der Reibungswinkel auch noch etwas von der
Größe des Flächendruckes (... kg/cm²) abhängt.

Bild 239 zeigt die Kräfte, die den oberen Keil
angreifen. Die Wirkungslinie des Druckes S gegen
die Gleitfläche weicht von der Normalen um ϱ_1
ab, und zwar so, daß sich dadurch S dem **Eindrin-
gen des Keiles** ↓ **noch mehr widersetzt,** als wenn
keine Reibung vorhanden wäre. Das Parallelogramm liefert die Größe von S.

Ihre Gegenkraft drückt auf den Keil in
Bild 243 und ist dort mit S' bezeichnet. Ferner
greifen diesen Körper noch die Bolzenkraft P und
der Stützdruck Z an.

S' und P schneiden sich in I. Durch diesen Punkt muß auch die Wirkungslinie von Z gehen, da die Kräfte anders nicht im Gleichgewicht sein können. Der Druck Z weicht von der Normalen auf die waagrechte Gleitfläche um ϱ_2 ab, und zwar nach **rechts,** so daß dadurch Z die **Bewegung des Körpers** nach → **erschwert.**

Jetzt läßt sich aus S', P und Z das Parallelogramm in Bild 242 zeichnen. Wir tragen zunächst S' ab, indem wir diese Strecke aus dem zuerst gezeichneten Parallelogramm entnehmen. Schließlich messen wir ab $P = 96$ t.

Wählen wir a größer oder kleiner, so wandert Punkt I auf der Wirkungslinie von P, denn diese liegt fest, nämlich in Bolzenmitte. Stets erhalten wir das gleiche Parallelogramm.

II. Verschmutzen die Gleitflächen, wachsen also die Reibungswinkel, so drehen sich die Wirkungslinien von S' und Z, und zwar so, daß sie schließlich zusammenfallen. Dann wird das Parallelogramm in Bild 242 zu einem einzigen Strich, also $P = $ Null. Eine solche Vorrichtung kann die Walzen nicht mehr schützen, da sie selbsthemmend geworden ist. Dann ist $\varrho_1 + \varrho_2 = 45^0$, gleich dem Neigungswinkel der Keilflächen.

Verringern sich aber die Reibungswinkel, sogar bis Null, so werden die beiden Parallelogramme schließlich zu Quadraten, da die Gleitflächen unter 45^0 geneigt sind. Dann ist $P = \frac{Q}{2} = 210$ t.

Die Reibung entlastet also die Bolzen von 210 t bis auf 96 t. Zu einem so kleinen Ergebnis wären wir nicht gelangt, wenn wir die Wirkungslinie von S und Z nach der falschen Seite von der Normalen hätten abweichen lassen. Man prüfe stets, ob das Endergebnis das kleinst mögliche geworden ist.

Beisp. 54. Zur Übung wollen wir jetzt die Vorrichtung umgekehrt benutzen, indem wir die Muttern der Sicherungsbolzen anziehen und dadurch in der Stellschraube einen Druck Q erzeugen. Die Kraft in den waagrechten Bolzen soll insgesamt 30 t betragen. Ermittle Q. Wir beginnen mit Bild 246.

Die Keile bewegen sich jetzt entgegengesetzt wie vorher. Also weichen Z und S' auch anders als dort von der Normalen ab, nämlich so, daß dadurch das **Heben der Last erschwert** wird. S' ist jetzt bedeutend weniger geneigt als im vorigen Beispiel. Aus dem Parallelogramm in Bild 245 ergibt sich zunächst S' und erst dann Q aus Bild 244. Wir messen ab $Q = 28$ t. Ohne Reibung wäre $Q = 2\,P = 60$ t.

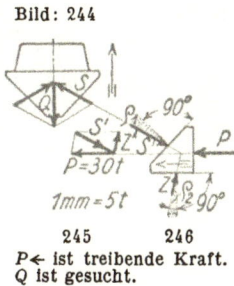

Bild: 244

245   246

$P\leftarrow$ ist treibende Kraft.
Q ist gesucht.

e) Gurtreibung.

I. Bild 250. Zunächst denken wir uns die Gleitfläche vollkommen glatt. Dann läuft der Gurt ungehemmt wie über eine drehbare Rolle. Also brauchen wir nur so stark zu ziehen, wie die Last schwer ist. Der Halbmesser der Gleitfläche ist nebensächlich wie der einer Rolle.

Infolge der unvermeidlichen Reibung muß aber P mehr als die 50 kg schwere Last betragen, und zwar 74 kg (mit Federwaage gemessen). Der Kraftüberschuß dient dazu, den Reibungswiderstand zu überwinden.

Verringern wir den Halbmesser, so wird die Fläche, auf der der Gurt gleitet, kleiner, dafür ihre Pressung größer. Diese Ab- und Zunahme heben sich auf, so daß der Reibungswiderstand gleich bleibt. Wieder muß $P = 74$ kg sein. Das bestätigt ein Versuch.

8*

Vom Halbmesser der Gleitfläche ist also
die Gurtreibung unabhängig. Der Reibungswiderstand wächst, wenn wächst
1. die Reibungszahl μ,
2. der umspannte Winkel α.

II. Bild 247. Der Keil besteht aus vielen Blättern.
Sie liegen lose aufeinander. Auf die schräge Seite wurde
ein Papierstreifen geklebt. Dadurch sind die Enden
aller Schichten miteinander verbunden.

Ein solcher Keil läßt sich wie in Bild 248 an eine
Walze schmiegen. Dann **verschieben sich** die Blätter.
Ihre Krümmungshalbmesser sind sehr ungleich. Aber
der **Winkel** zwischen dem aufgeklebten Blatt und den
vielen Kreisbögen ist überall **gleich geblieben,** nämlich
gleich dem Winkel ϱ des geraden Keiles.

Bild: 247   248

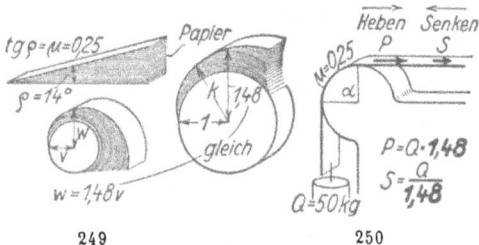

249   250

III. Um die Gurtreibung zu ermitteln, berücksichtigen wir
  ϱ, indem wir den Keilwinkel ebenso groß
    machen,
  α, indem wir den Keil ebenso weit an die
    Gleitfläche schmiegen.

In Bild 248 wurde der Halbmesser der Walze
gleich **1** gesetzt. Das lotrechte Maß beträgt hiervon das **1,48**fache. Die Maßstrecken 1 und 1,48
bilden einen rechten Winkel. Auch in Bild 250
ist der zum umspannten Bogen gehörige Winkel
$\alpha = 90^0$.

Darum ist zum Heben der Last Q eine Kraft P
nötig, die das **1,48fache der Last** beträgt, also
50 kg·1,48 = 74 kg. Das bestätigte schon unser Versuch.

IV. Die unbenannte Zahl 1,48 hängt ab vom Reibungswinkel ϱ und von dem vom Gurt umspannten Winkel, aber **nicht vom Halbmesser** der Gleitfläche. Das lehrt Bild 249, denn dort beträgt w auch das 1,48fache des Halbmessers v.

Während des Senkens genügt zum Halten der Last eine Zugkraft S, die den **1,48ten Teil der Last** beträgt, also 50 kg : 1,48 = 34 kg.

V. Damit die Reibung abnimmt, verringern wir den umspannten Winkel, z. B. bis 60°. Wir ziehen also statt waagrecht, schräg nach oben. Dann mißt der unter 60° gezogene Strahl k (Bild 248) nur noch 1,3. Also genügt jetzt zum Heben eine Kraft $P = Q \cdot 1,3 = 50 \cdot 1,3 = 65$ kg.

Für $\varrho = 0$ ist ganz richtig $k = 1$, denn wenn keine Reibung bremst, muß $P = Q$ sein, als wäre die Walze wie eine Rolle drehbar.

				Werte für k					
μ	ϱ	$\alpha = 45°$	90°	135°	180°	225°	270°	315°	360°
0,15	8,5°	1,12	1,27	1,42	1,60	1,80	2,03	2,28	2,57
0,20	11,3°	1,17	1,37	1,60	1,87	2,19	2,57	3,00	3,51
0,25	14,0°	1,22	1,48	1,80	2,19	2,67	3,25	3,95	4,81
0,30	16,7°	1,27	1,60	2,03	2,57	3,25	4,12	5,21	6,59
0,40	21,7°	1,37	1,87	2,57	3,51	4,81	6,58	9,01	12,4
0,50	26,5°	1,48	2,19	3,24	4,81	7,11	10,5	15,6	23,1

Zeichne einen Kreis mit 1 cm Halbmesser, trage für $\mu = 0,15$ und 0,25 die Werte k der Zahlentafel als Strahlen auf und verbinde die Endpunkte durch eine Kurve. Daraus lassen sich Zwischenwerte für k abmessen.

Beisp. 55. Bild 202. Das Seil, an dem die Last $Q = 378$ kg hängt, ist durch eine Schraube befestigt. Durch wieviel kg wird sie beansprucht? Der umspannte Winkel beträgt augenblicklich 225°. Wir schätzen $\mu = 0,5$. Aus der Zahlentafel erhalten wir $k = 7$. Die Kraft an der Schraube ist ebenso groß wie die beim Senken der 378 kg schweren Last. Also muß die Schraube tragen 378 kg : 7 = 54 kg.

Beisp. 56. Bild 251. Die Bremsscheibe sitzt auf der Kurbelwelle einer Winde. Hängt noch keine Last am Haken, so ist die Scheibe leicht drehbar, denn die ineinander greifenden Zähne der Räder haben Spielraum.

Senken wir das 8 kg-Gewicht, so spannt es den Strang T. Die Bremsscheibe gibt nach, indem sie sich etwas dreht. Also wird $Z = T$. Die Gurtreibung macht sich noch nicht bemerkbar.

Die Wirkungslinie von Z läuft durch die Drehachse des Bremshebels und kann ihn deshalb nicht drehen. Die Kraft T zieht am Hebel nach ↑ und hebt allein das Drehmoment des Bremsgewichtes ↓ auf. Ermittle Z.

Zunächst berechnen wir T. Diese Kraft ist unabhängig von der Reibung des Gurtes.

Aus $T \cdot 60 = 8 \cdot 360$ folgt $T = 8 \dfrac{360}{60} = 48$ kg.

Da $\mu = 0{,}20$ und $\alpha = 240^0$, liegt k laut Zahlentafel zwischen 2,19 und 2,57. Wir schätzen $k = 2{,}3$.

Der Gurt steht still. Die Bremsscheibe läuft links herum. Also ist Z größer als T, und zwar gilt

$$Z = T \cdot k = 48 \cdot 2{,}3 = 111 \text{ kg.}$$

Umfangskraft $= Z - T = 111 - 48 = 63$ kg.

Der Halbmesser der Bremsscheibe beträgt 150 mm $= 0{,}15$ m. Also Bremsmoment $M = 63 \cdot 0{,}15 = 9{,}45$ kgm.

Bild 252. Die Mittelkraft R beträgt rund das 3fache von T. Genau ist $R = 148$ kg. Der Hebelarm von R mißt 0,064 m. Also erhalten wir das Bremsmoment auch aus

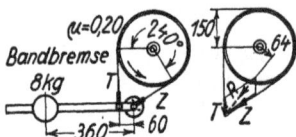

Bild: 251   252

$$M = 148 \cdot 0{,}064 = 9{,}45 \text{ kgm.}$$

VI. Bild 248. Das aufgeklebte Blatt krümmte sich nach einer Kurve, die ein Stück einer Spirale ist. Dieser ähnelt die Spirale am Gehäuse einer Schnecke. Ganz anders geartet ist die Spirale, die die Rille auf einer Schallplatte bildet, denn deren Windungen haben überall gleichen Abstand.

Das auf den Keil geklebte Blatt ist gewölbt wie die
Freifläche eines hinterdrehten Fräsers, dessen Freiwinkel 14° beträgt. Nur die Spanfläche eines solchen
Fräsers wird nachgeschliffen. Dann nimmt sein Durchmesser etwas ab, aber der Freiwinkel bleibt gleich
und damit auch die Schneidwirkung.

VII. Geschichtliches.

A. Man durchschaut einen Vorgang in der
Natur am gründlichsten, wenn man ihn zahlen-
mäßig verfolgt. Schon Pythagoras (570—496
vor Zeitr.) sagte: »Das Wesentliche der Dinge sind
Zahlen.« Tatsächlich ist das Messen, also das
Vergleichen mit Zahlen und Einheiten, für die
Naturwissenschaft besonders kennzeichnend ge-
worden.

Bereits Archimedes (287—212 vor Zeitr.)
ergründete die Bedingungen, unter denen die
Kräfte an Hebeln, Rollen, Wellrädern, Schrauben
im Gleichgewicht sind. Er konnte schon Unbe-
kanntes im voraus bestimmen. Auch führte er den
Begriff Schwerpunkt ein.

In den folgenden anderthalb Jahrtausenden
wurden bedeutende Fortschritte in der Natur-
erkenntnis merkwürdigerweise kaum gemacht, da
das Christentum die Menschheit immer mehr be-
herrschte.

B. Ein neuer Aufstieg setzte erst mit Leonardo
da Vinci (1452—1519) ein. Er war ein unermüd-
licher und vielseitiger Naturforscher. In die Gesetze des Hebels drang er tiefer ein. Er entwickelte
den Begriff Drehmoment für den Fall, daß die
Kraft nicht senkrecht, sondern schräg zur Stange
angreift. Auch erkannte er, daß Arbeit nur entsteht, wenn eine Kraft in ihrer Wirkungslinie fortschreitet.

Der Holländer Stevin (1548—1620) drang
weiter in das Wesen der »einfachen Maschinen«
ein und verallgemeinerte ihre Gesetze. Er

erkannte, daß man Arbeit nicht sparen, sondern nur umformen kann. Auch entdeckte er das Kräfteparallelogramm.

Stillstehende Körper kann man leichter beobachten als in Bewegung befindliche. Darum suchte man seit altersher zunächst die Gesetze des Gleichgewichtes zu erforschen. Hier erreichte Stevin einen vorläufigen Abschluß.

C. Die Bewegungslehre begründete Galilei (sprich »Galile—i«; 1564—1642). Er erforschte jahrelang die Fallbewegung. Allmählich erkannte er klar, daß ein Körper seine Geschwindigkeit aus sich selbst heraus nicht ändern kann infolge der Trägheit. Ihm gelang es schließlich, die Bewegung eines Körpers im voraus zu berechnen, wenn sein Gewicht und die gegen die Trägheit wirkende Kraft bekannt sind. Galilei sprach auch das »Goldene Gesetz der Mechanik« aus.

Die Berechnung der Mittelpunktbeschleunigung und damit auch der Fliehkraft verdanken wir dem Holländer Huygens (sprich »Heuchens«; 1629—1695).

Das Wechselwirkungsgesetz fand der Engländer Newton (sprich »Njutn«; 1643—1727). Er unterschied als erster streng zwischen der Masse (oder Stoffmenge) und der Schwere (oder dem Gewicht) eines Körpers.

D. Daß durch Reibung Wärme entsteht, war allgemein bekannt. Aber erst der in Amerika geborene und in Deutschland wirkende Rumford (1753—1814) bemühte sich, die Natur der Reibungswärme zu enträtseln.

Er beobachtete, daß ein Körper, der sich durch Reibung erwärmt, anderswo nicht im geringsten kälter wird. Schwerer wird er auch nicht. Aus der Luft stammt die Reibungswärme ebenfalls nicht.

Wärme entsteht also, ohne irgendwo zu verschwinden. Also muß die Reibungsarbeit selbst zur Wärmequelle geworden sein. Das alles erforschte Rumford in genauen Versuchen.

E. Ans unbekannte Ziel tastete sich endlich der Deutsche Robert Mayer (1814—1878). Er entdeckte, daß die durch Reibung verzehrte Arbeitsmenge (Energie) eine Wärmemenge erzeugt, die nach einem festen, unabänderlichen Maßstab im voraus berechenbar ist. Aus vielen Versuchen fand er das Wärmeäquivalent, d. h. den Wärmegleichwert: 1 kcal = 427 kgm. Die Ursache bleibt stets der Wirkung gleich.

Dadurch brachte Mayer plötzlich zwei ganz verschiedene Energieformen, nämlich Wärme und Arbeit, in einen innigen, ursächlichen Zusammenhang. Vorher konnte man gar nicht ahnen, wie schlecht der Wirkungsgrad einer Wärmekraftmaschine war.

Dem Deutschen Helmholtz (1821—94) gelang es bald, das von Mayer verkündete Gesetz auf alle Energieformen anzuwenden, also auch auf elektrische und chemische Energie. Energie entsteht, indem ebensoviel andere Energie vergeht.

Damit erwies sich das so wunderbar einfache Gesetz von der Erhaltung der Energie als das oberste, umfassendste und großartigste Naturgesetz, von einem Deutschen gefunden.

Es empfiehlt sich, die in der Bewegungs- und Gleichgewichtslehre behandelten Formeln der Reihe nach aufzuschreiben. Sie lassen sich dann besser übersehen und miteinander vergleichen.

Eine Formel fußt auf der anderen. Viele sind eng miteinander verwandt. Man ahnt die großen Zusammenhänge in der Natur

>»Wie alles sich zum Ganzen webt,
Eins in dem andern wirkt und lebt!«

(Goethe.)

VIII. Sachverzeichnis.

Technische Mechanik

Von E. SCHNACK VDI

Teil I: Bewegungslehre

108 Seiten, 116 Abbildungen, 61 Beispiele
Kl.-8⁰. 1939. Kart. RM. 1.80

Die technische Mechanik ist ein etwas trockenes Gebiet.
Der Verfasser hat es hier aber ausgezeichnet verstanden,
die technische Mechanik durch zahlreiche Beispiele aus
dem Leben sehr anschaulich zu gestalten. Seine Arbeit
ist das Ergebnis vielseitiger Unterrichtserfahrungen und
Erprobungen in Tages- und Abendkursen sowie in Vor-
klassen zu staatlichen Ingenieurschulen. Die beiden
Büchlein setzen nur wenig Übung in der Buchstaben-
rechnung voraus und sind daher für weite Kreise, für
gewerbliche-technische Schulen, Werkschulen, Kurse
der Arbeitsfront und zum Selbstunterricht geeignet.
Aber auch für das weitergehende Ingenieurstudium sind
sie als erste Einführung sehr wertvoll, da der Verfasser
viele Mühe darauf verwandte, eindringliche und an-
sprechende Bilder zu entwickeln. Der Beruf ist heute
zum Kampfplatz geworden; hierbei wollen diese beiden
kleinen Bücher, die in langjähriger Arbeit entstanden
sind, dem schaffenden deutschen Menschen helfen.

„Das Industrieblatt".

VERLAG R. OLDENBOURG, MÜNCHEN 1 u. BERLIN